知らなきゃ損する

農家の年金・保険退職金

上手な加入・掛け金で税金も安くなる

林田　雅夫 著
比良さやか 監修
（社会保険労務士）

農文協

知らなきゃ大損！　仕組みを知って各種保険料や税金を安くしよう！
——まえがきに代えて

農家の皆様、こんにちは。

私、林田雅夫と申しまして、農文協より『新　農家の税金』（各年版）、『らくらく自動作成　新　家族経営の農業簿記ソフト』『任意の組合から法人まで　かんたん農業会計ソフト』『エクセルでできる　かんたん営農地図ソフト』などを出版させていただいています。皆様にご愛読、ご活用いただいていることに、この場を借りてお礼申し上げます。

今まで私は、県の経営専門の普及員や経営専門技術員として兵庫県下で種々の経営コンサルの活動をしてきました。畜産や野菜、花卉や果樹農家のみならず、集落営農組織、加工グループなど、多岐にわたって経営上の相談に乗り、アドバイスさせていただいてきました。そのなかで一番多かった質問が、年金、保険、税金に関することでした。

年金保険料、健康保険料、介護保険料など、およびそれらと表裏一体の税金等はすべて農家の懐から出ていくものですが、その仕組みがよく知られているかといえば、そうはいえません。ところが、これらには「知らなきゃ大損」ということがよくあるのです。

こうした課題について、商工業関係の事業体に対しては商工会等の支援組織があります。しかし残念ながら、農業関係では社会保障制度と税金の知識を総合的に活用しながら、農業者に的確にアドバイスする機関がないのです。そのため、実際の農業の現場では、ざっと挙げただけでも、次のような「知らないで損している」諸問題がうきぼりとなっています。

- 国民健康保険の仕組みを理解していれば保険料を減額できたのに、知らないで損していた。
- 後期高齢者医療制度は、75歳以上の方の独立した医療制度ということの理解がされていません。
- 医療保険や年金保険の扶養基準が理解されていません。
- 在職老齢年金の減額基準が理解されていません。

- ＋αの年金のシステムが理解されていません。
- 法人化して保険料や税が安くなる場合と、逆に高くなって損する場合があることが理解されていません。
- 法人成りでの社会保険料の額の大きさを知らないため、法人化したためにかえって税・社会保険料の合計額が増えることがあることが理解されていません。
- 個人経営の農業体は、労災保険および雇用保険の暫定任意適用事業[*1]であることが理解されていません。
- 個人経営の農業体は、厚生年金保険および健康保険の任意適用事業所[*2]であることが理解されていません。
- 労働者を雇用する農業での個人事業体は、事業主の申請等により健康保険のみ・厚生年金保険のみのどちらか1つの制度のみに加入することもできることが理解されていません（両制度加入も不加入も可）。ただし、事業主およびその家族労働者は国民健康保険および国民年金に加入することになります。
- 65歳以上の従業員に雇用保険料が発生することが理解されていません。
- 法人は、社会保険（医療保険・介護保険・厚生年金保険・労災保険・雇用保険）の強制適用事業所であることが理解されていません。
- 常時使用労働者数が5人未満の個人経営の農業では、申請等により労災保険のみ・雇用保険のみのどちらか1つの制度のみに加入することができることが理解されていません（両制度加入も不加入も可）。
- 「農家が活用できる退職金制度」があるにもかかわらず、知らない人が少なくなく、十分には利活用されていません。
- 危険な作業に従事し、または従事させているのに労災保険に加入していないため、いざというとき多額の罰金や出費がかかる場合があることが理解されていません。

といったことが挙げられます。

＊1　暫定任意適用事業とは、農林水産の事業のうち、常時使用労働者数が5人未満の個人経営の事業であり、労災保険および雇用保険の加入が強制されません。

＊2　任意適用事業所とは、強制適用事業所とならない事業所で厚生労働大臣（日本年金機構）の認可を受け健康保険・厚生年金保険の適用事業所となります。

本書では、まず序章で、農家からよく訊かれる質問や問題点についてわかり

やすく紹介し、その答の概要を解説しています。詳しくはそれらに関連する各章でさらに詳細に解説しました。序章で、ははー、そういうことだったのかという入門的知識を習得し、さらに関連する各章でより深く、緻密に理解を深めていただければ幸いです。

「敵を知り、己を知れば、百戦危うからず」ともいいます。現状の税制や社会保障制度にはさまざまな改善の余地等はもちろんあるでしょう。しかし、現状の制度や仕組みでもきちんと理解して対処すれば、税金や社会保険料を大幅に減らすことができるのも一方の事実です。それらの仕組みを知らないあなた自身が、自分のいわば"敵"になっているのです。

今回、これまでのコンサル活動で得た知識や経験を総動員して、この本でさまざまな疑問にお答えしたいと思います。

本書は、これらの問題を理解し、的確に対応方法が考えられることができる内容となっていますので、本書が活用され、家族経営や各種農業事業体が、現在だけでなく将来にわたって安心して農業を行えるような、強い経営体質を構築する一助になれば、それに優る喜びはありません。

また、この本の作成にあたり、社会保険労務士の比良さやか様に細部にわたり点検とアドバイスをいただきました。

最後になりましたが、本書の構成等にあたって農文協の金成政博氏には多大なる尽力をいただきました。この場をかりてお礼申し上げます。

2019年2月

林田雅夫

目　次 （各章の詳しい目次は6ページから、図表目次は14ページから掲載しています）

ページ	章	タイトル
19	Prologue	農家からよく出される質問とそれへの答の要点
55	Chapter 1	公的年金制度
89	Chapter 2	医療保険制度
107	Chapter 3	介護保険制度
115	Chapter 4	国民健康保険料と介護保険料の計算
129	Chapter 5	農業者のための労災保険
149	Chapter 6	雇用保険
159	Chapter 7	農業者年金
169	Chapter 8	国民年金基金
175	Chapter 9	個人型確定拠出年金：iDeCo（イデコ）
183	Chapter 10	小規模企業共済制度
191	Chapter 11	中小企業退職金共済制度
201	Chapter 12	日本フルハップ（災害補償共済、災害防止事業など）
207	Appendix	【付】収入保険に入るか入らないか

目次

Prologue　農家からよく出される質問とそれへの答の要点　19

1. 国民健康保険料が高い！　なんとかして ………………………… 19
2. 「後期高齢者医療制度」ってなんですか？ …………………………… 24
   - 75歳以上の人が入る独立した医療制度です。75歳以上は法人化のメリットあり。健康保険の扶養の壁もありません　24
3. 社会保険の扶養の壁を考えるとたくさん働かないほうがいい？ …… 25
   - (1) 健康保険扶養の壁があってたくさん働けません。なんとかして　25
   - (2) 年金保険扶養の壁があってたくさん働けません。なんとかして　26
   - (3) 配偶者控除で103万円の壁があってたくさん働けません。なんとかして　27
4. 働くと年金が減らされるの？ ……………………………………… 28
5. 農業者にも税制上有利な退職金制度があるんですって？ ………… 30
6. 出稼ぎ＋農業　ちょっとだけ気をつけてください …………………… 32
7. 65歳以上の労働者も雇用保険の適用対象
   ⇒　これは事業主にどんな影響があるの？ ………………………… 33
8. 労災保険に入らないとどんなことがおきますか？ ………………… 34
   - ＊怖いこわい労災事故
9. 農業者のための労災保険にはどんなメニューがありますか？ …… 35
10. 国民年金の上乗せ（2階部分）の年金を活用しよう ………………… 38
11. 法人化で損する人、得する人 ……………………………………… 40

Chapter 1　公的年金制度　55

1. 年金保険のしくみ ……………………………………………………… 55
   - (1) 年金保険の加入者（年金被保険者）　55
   - (2) 国民年金、厚生年金のしくみ　55
   - (3) 年金の加入と保険料徴収方法　56
2. 年金保険料 ……………………………………………………………… 56
   - (1) 国民年金保険料　56
   - (2) 厚生年金保険料　56
   - (3) 厚生年金の保険料率　58
3. 年金からの給付 ………………………………………………………… 58
   - (1) 年金被保険者（年金加入者）が受ける給付　58

（2）厚生年金は基礎年金に上乗せです **59**

4　老齢給付 ……………………………………………………………………… **60**
　　（1）国民年金（老齢基礎年金）による老齢給付内容 **60**
　　（2）老齢厚生年金による老齢給付内容 **61**
　　（3）老齢厚生年金は、いくらもらえるのですか？ **62**
　　　　● 60歳〜64歳までの老齢厚生年金（特別支給の老齢厚生年金） **62**
　　　　● 65歳以降の老齢厚生年金（本来の老齢厚生年金） **63**

5　在職老齢年金 ………………………………………………………………… **67**
　　（1）厚生年金保険の適用事業所で働く **68**
　　（2）厚生年金保険料を掛けながら（70歳以上は厚生年金を掛けずに）働く **69**
　　（3）老齢基礎年金は、減額されません **70**

6　農業と厚生年金との関係 …………………………………………………… **71**
　　（1）農業を営む個人事業体は、厚生年金の「任意適用」事業所です **71**
　　（2）法人成りしたときには、厚生年金の強制適用事務所になります **71**
　　（3）厚生年金保険の加入条件に該当しない人 **72**

7　在職老齢年金の支給停止 …………………………………………………… **72**
　　（1）60歳から64歳までの在職老齢年金のしくみ **72**
　　（2）65歳以降の在職老齢年金のしくみ **72**

8　遺族給付 ……………………………………………………………………… **73**
　　（1）国民年金（遺族基礎年金）による遺族給付 **74**
　　（2）遺族厚生年金による遺族給付 **75**
　　（3）遺族厚生年金の額（平成30年4月分から） **76**
　　（4）中高齢寡婦加算 **76**
　　（5）経過的寡婦加算 **78**
　　（6）遺族厚生年金受給の失権（支給期間） **78**
　　（7）国民年金による独自の遺族給付 **79**

9　障害給付 ……………………………………………………………………… **80**
　　（1）国民年金（障害基礎年金）による障害給付 **80**
　　（2）厚生年金（障害厚生年金）による障害給付 **82**

10　その他 ……………………………………………………………………… **84**
　　（1）平成27年10月から共済年金と厚生年金が一本化されました **84**
　　（2）あなたは第何号被保険者？ **84**
　　（3）共済年金と厚生年金の「差異」とは？ **85**
　　　　●加入年齢の上限が70歳となる **85**
　　　　●保険料（掛金）率のアップ **85**
　　　　●障害年金の支給要件に「保険料納付要件」が加わる **85**

　　　　●遺族年金の転給制度の廃止　**85**
　(4)「官民格差」の象徴である「職域加算」は廃止されるが……　**86**
　(5) 職域加算と年金払い退職給付、受け取るのはどっち？　**86**
　(6) 国民年金保険料の免除制度　**87**

Chapter 2　医療保険制度　**89**

1　医療保険制度とは ……………………………………………… **89**
2　いろいろな医療保険制度 ……………………………………… **90**
3　各医療保険の比較 ……………………………………………… **90**
4　医療費の患者負担割合の現状 ………………………………… **90**
5　75歳未満の人の医療保険 …………………………………… **92**
　(1) 会社員の医療保険（健康保険）　**92**
　　　①組合管掌健康保険（組合健保）　**92**
　　　②協会けんぽ　**92**
　(2) 公務員等の医療保険（共済組合の短期給付事業）　**93**
　(3) 国民健康保険　**93**
　　　①都道府県＋市区町村が運営する国民健康保険　**93**
　　　②国民健康保険組合　**94**
6　75歳以上の人の医療保険（後期高齢者医療制度。長寿医療制度ともいう）…… **94**
7　任意継続被保険者制度 ………………………………………… **94**
8　退職後も医療保険に加入するには3つの方法がある ……… **95**
　(1) 配偶者や親族の健康保険の被扶養者になる　**96**
　(2) 退職時に加入している健康保険の任意継続被保険者になる　**96**
　(3) 居住する都道府県と市区町村が共同運営する国民健康保険に加入する　**96**
9　保険料率と保険料の計算方法 ………………………………… **96**
　(1) 国民健康保険料　**97**
　(2) 組合管掌健康保険料・共済組合掛金　**97**
　(3) 協会けんぽの保険料　**97**
　(4) 後期高齢者医療制度の保険料　**98**
10　給付の種類と内容 …………………………………………… **102**
11　被扶養者制度
　(1) 被扶養者の範囲　**102**
　(2) 被扶養者となる年収額の範囲　**104**
12　人を雇ったときの従業員の医療保険は？ ………………… **104**

Chapter 3　介護保険制度　　107

1　介護保険制度とは　……………………………………………　107
2　介護保険制度の仕組み　………………………………………　107
3　介護保険の被保険者の分類と受給条件、保険料の徴収方法　………　108
4　介護保険料　……………………………………………………　109
　（1）40歳以上65歳未満の人の介護保険料（第2号被保険者の介護保険料）　109
　（2）65歳以上の人の介護保険料（第1号被保険者の介護保険料）　110
5　介護保険サービス利用者の負担割合　……………………………　111
6　介護保険サービスの利用の流れ　…………………………………　112
　（1）相談から認定まで　112
　（2）認定後の流れ（認定を受けたあと）　113
7　第2号被保険者（65歳未満の人）の要介護認定基準　……………　114

Chapter 4　国民健康保険料と介護保険料の計算　　115

1　国民健康保険料と介護保険料は、一括して徴収されます　…………　115
2　国民健康保険料の計算方法　……………………………………　115
3　75歳以上後期高齢者支援分　…………………………………　116
4　介護保険　………………………………………………………　116
5　国民健康保険料（高齢者支援分含む）と介護保険料の総合算出システム…　117
6　所得税と国民健康保険料（＋介護保険料）は計算式が違う　………　119
　（1）国民健康保険料＋介護保険料の多い少ないは、所得割の金額で決まる　119
　（2）基準所得額の算出方法　119
　（3）国民健康保険料の所得割計算は、税金の計算よりもシビア　120
7　国民健康保険料を安くする方法　…………………………………　122
　（1）青色申告特別控除額65万円を計上する　122
　（2）配偶者控除より専従者控除　124

Chapter 5　農業者のための労災保険　　129

1　労災保険とは　…………………………………………………　129
2　労災保険の適用事業所とは　……………………………………　129
3　農業における適用事業所とは　…………………………………　129
4　労災保険に保護される者　………………………………………　131

5 農業者も労災保険に加入できるのです。ただし特別加入です …… 132
6 農業者も労災保険に特別加入できる制度が3つあります ………… 133
   （1）特定農作業従事者　**133**
   （2）指定農業機械作業従事者　**134**
   （3）中小事業主等　**134**
7 特別加入の最大のハードルは「労働保険事務組合」が
   あるかどうかです ……………………………………………………… 135
8 特定農作業従事者、指定農業機械作業従事者として
   特別加入する者が労働者を雇用したとき ……………………… 138
9 労災保険料と税金 ………………………………………………………… 138
   （1）労災保険料率（平成30年度）　**138**
   （2）労災保険料の算出　**139**
10 労災保険の7つの補償の内容 ………………………………………… 140
11 労災給付 …………………………………………………………………… 140
   （1）労災給付の要素　**140**
   （2）給付基礎日額　**141**
12 労災保険料の計算実務 ………………………………………………… 145
13 労災保険未加入中の労災事故の対応について ………………… 146
   （1）労災保険未加入のときに、労災事故が発生したらどうなるの？　**147**
   （2）事業主からの費用徴収　**147**
   （3）暫定任意適用事業所で労災保険未加入中の労災事故の対応⇒救済措置がある　**147**

Chapter 6　雇用保険　149

1 雇用保険とは …………………………………………………………… 149
2 雇用保険の適用事業は ………………………………………………… 149
3 雇用保険の加入条件 …………………………………………………… 150
   （1）一般被保険者（65歳未満）　**150**
   （2）高年齢被保険者　**150**
   （3）短期雇用特例被保険者　**151**
   （4）日雇労働被保険者　**151**
4 雇用保険の被保険者にならない者 ………………………………… 151
5 雇用保険料率 …………………………………………………………… 152
6 雇用保険の失業給付 …………………………………………………… 152
   （1）基本手当とは　**153**

　　　　①受給要件　**153**
　　　　②基本手当の支給額　**153**
　　　　③給付日数（給付日数は「退職理由」が大きく影響する）　**154**
　　（2）高年齢求職者給付金とは　**155**
　　　　①受給要件　**155**
　　　　②高年齢求職者給付金の支給額　**155**
　　（3）給付日数　**155**
7　65歳以上の労働者も新たに雇用保険の適用対象となります　……　**156**
8　雇用保険の税務　……………………………………………………　**157**

Chapter 7　農業者年金　　　　　　　　　　　　　　　　　　159

1　農業者年金とは　………………………………………………………　**159**
2　農業者年金の特徴　……………………………………………………　**159**
3　加入　……………………………………………………………………　**160**
　　（1）加入要件　**160**
　　（2）加入の種類　**160**
　　（3）保険料は全額所得控除　**162**
　　（4）加入の手続等　**162**
4　年金給付　………………………………………………………………　**162**
5　農業者年金の加入から給付までのシステム　………………………　**164**
6　その他　Q＆A　………………………………………………………　**165**

Chapter 8　国民年金基金　　　　　　　　　　　　　　　　　　169

1　国民年金基金とは　……………………………………………………　**169**
2　制度の概要　……………………………………………………………　**170**
3　みどり国民年金基金の設立　…………………………………………　**170**
4　税金面でのメリット　…………………………………………………　**171**
　　（1）掛金は全額所得控除　**171**
　　（2）年金給付額は公的年金控除の対象　**171**
5　加入　……………………………………………………………………　**171**
　　（1）加入方法　**171**
　　（2）加入要件　**171**
　　（3）国民年金との関係　**172**

(4) みどり国民年金基金の給付（年金）のタイプと選び方　**172**
　　(5) 掛金月額　**173**
　　(6) 掛金の払込期間　**174**
6　その他 ··· **174**
　　(1) 国民年金基金の現状　**174**
　　(2) 基金が解散した場合の取り扱いについて　**174**

Chapter 9　個人型確定拠出年金：iDeCo（イデコ）　**175**

1　iDeCo（個人型確定拠出年金）とは ····································· **175**
2　対象者（制度に加入できる者）および拠出限度額 ···················· **175**
3　確定拠出年金の特徴 ··· **176**
　　(1) 公的年金の上乗せ年金制度の新たな選択肢　**176**
　　(2) 掛金は全額所得控除　**176**
　　(3) 60歳から受給可能、しかも有利な税制　**177**
　　(4) 持ち運びができる　**177**
　　(5) あなたが選んであなたが決める運用商品　**177**
4　加入方法 ··· **177**
　　(1) 窓口はおもな金融機関　**178**
　　(2) 加入申し込み手続きについて　**178**
　　(3) 加入から運用までのしくみ　**178**
　　(4) 運用商品と取扱機関　**179**
5　個人型確定拠出年金の給付 ·· **179**
　　　●受取方法　**179**
　　　●給付の種類　**180**
　　(1) 老齢給付金　**180**
　　(2) 障害給付金　**181**
　　(3) 死亡一時金　**181**
6　加入にあたっての留意事項 ·· **182**
　　(1) 60歳になるまでは、原則として受給できません　**182**
　　(2) 給付額は運用成績により変動します　**182**

Chapter 10　小規模企業共済制度　**183**

1　制度の特色について ·· **183**

2　加入方法　184
(1) 加入資格　**184**
(2) 加入資格のない方の例　**184**
(3) 専業農業者の加入　**184**
(4) 加入の申込手続きについて　**185**
(5) 掛金月額　**186**
(6) 掛金の税法上の取扱いについて　**186**

3　共済金および解約手当金　186
(1) 受け取る事由　**186**
(2) 解約手当金について注意する点　**186**
(3) 共済金の額　**188**
(4) 共済金・解約手当金の税法上の取扱いについて　**188**
(5) 退職所得の計算　**188**
(6) 共済金の請求手続き　**189**

Chapter 11　中小企業退職金共済制度　191

1　制度の概要　191
(1) 制度の目的と概要　**191**
(2) 制度のしくみ　**191**
(3) 事業の概要（30年2月末現在）　**191**

2　制度の特色　192
(1) 国の助成　**192**
(2) 税法上の特典　**192**
(3) 管理が簡単　**192**
(4) 通算制度の利用でまとまった退職金　**193**

3　加入方法　193
(1) 加入の条件　**193**
(2) 加入させる従業員（被共済者）　**193**
(3) 加入できない人、加入できない場合　**193**

4　掛金　194
(1) 掛金の納付方法　**194**
(2) 掛金月額の変更　**195**

5　退職金　195
(1) 退職金の額　**195**

（2）退職金の支払方法　196
　（3）退職金の税金　196
　（4）掛金月額の決定方法　197
　（5）退職金規定をつくってみよう　197

Chapter 12　日本フルハップ（災害補償共済、災害防止事業など）　201

1　日本フルハップの事業　……………………………………………………　201
　（1）災害補償事業　201
　（2）災害防止事業　202
　（3）福利厚生事業　202

2　加入方法　………………………………………………………………………　202
　（1）会費　202
　（2）加入資格　203
　（3）加入にあたって　203
　（4）申込み方法　203

3　ちょっと複雑な経理処理と税務処理　……………………………………　204
　（1）支払う会費の経理処理（税務）　204
　（2）補償費の受け取りと支払い　205
　（3）会員（法人・個人事業主）が受け取る補償費の経理処理（税務）　205

Appendix　【付】収入保険に入るか入らないか　207

図表一覧　目次

● **Prologue**
　表1　おもな医療（健康）保険　19
　図1　決算書と所得税申告書　21
　表2　課税所得の金額区分別にかかる実効税率表（所得税率＋住民税の税率）　22
　表3　配偶者特別控除の控除額（所得税、住民税）　27
　図2　小規模企業共済等掛金控除額の入力欄（確定申告書内での）　31
　表4　退職所得控除額　32
　図3　年金の1階部分と2階部分　38
　図4　上乗せ年金の掛金と所得控除　39

表5　個人事業主と法人での社会保険の違い　**42**
図5　65歳以上の老齢基礎年金と老齢厚生年金の受給内容　**46**
表6　課税所得の金額区分別にかかる実効税率表（所得税率＋住民税率）　**47**
表7　所得税の税額速算表　**48**
表8　給与所得の計算（給与所得控除額の計算）　**49**
表9　配偶者控除および配偶者特別控除の控除額　**53**

● Chapter 1　公的年金制度

図6　国民年金、厚生年金のしくみ　**55**
表10　被保険者の種類と保険料の支払い形態　**56**
表11　厚生年金保険料率：18.3％（平成29年9月分以降）　**57**
表12　国民年金と厚生年金の受給する年金の種類　**59**
図7　老齢基礎年金の保険料納付期間別受給額　**61**
表13　老齢厚生年金の受給要件　**62**
表14　特別支給の老齢厚生年金：支給開始年齢　**63**
図8　60歳～64歳までの老齢厚生年金（特別支給の老齢厚生年金）　**63**
図8-2　65歳以降の老齢厚生年金　**64**
図9　老齢厚生年金の報酬比例部分の年金額（本来水準）　**64**
図10　老齢厚生年金の定額部分の年金額　**64**
表15　加給年金額　**65**
図11　加給年金、振替加算の仕組み　**66**
図12　65歳以上の老齢基礎年金と老齢厚生年金の受給内容　**70**
表16　65歳未満の在職老齢年金の減額の有無　**73**
表17　65歳以降の在職老齢年金の減額の有無　**73**
表18　遺族基礎年金の年金額　**75**
表19　子が受給する年金額　**75**
図13　報酬比例部分の年金額（本来水準）　**77**
図14　子がいない場合の中高齢寡婦加算　**77**
図15　子がいる場合の中高齢寡婦加算　**78**
図16　遺族厚生年金受給の失権事由　**79**
表20　障害基礎年金の年金額　**81**
表21　子がいる場合の障害基礎年金の加算額　**82**
表22　国民年金保険の免除の種類とその要件、免除額　**87**

● Chapter 2　医療保険制度

表23　各種医療保険制度　**89**

図 17　医療費の患者負担割　**90**
表 24　各医療保険の比較　**91**
表 25　一般保険料率、特定保険料率および基本保険料率　**99**
表 26　全国健康保険協会（協会けんぽ）の被保険者の保険料額　**100**
表 27　後期高齢者医療制度の保険料均等割額の軽減割合　**101**
表 28　医療保険による医療給付の内容　**103**
表 29　被扶養者の要件と範囲　**102**

● **Chapter 3　介護保険制度**
図 18　介護保険制度の仕組み　**107**
表 30　介護保険の被保険者の分類と受給条件、保険料の徴収方法　**108**
表 31　65 歳以上の人（第 1 号被保険者）の介護保険料　**111**
表 32　介護保険サービス利用者の負担割合　**111**

● **Chapter 4　国民健康保険料と介護保険料の計算**
表 33　A 市の国民健康保険料の算定方式（74 歳以下加入者）　**117**
表 34　国民健康保険料、介護保険料の計算の仕組み（一体的に徴収分）　**118**
表 35　別途徴収される後期高齢者医療制度保険料、65 歳以上の介護保険料　**118**
表 36　公的年金等所得控除額　**119**
表 37　課税所得の金額段階別にかかる実効税率表（所得税率＋住民税の税率）　**121**

● **Chapter 5　農業者のための労災保険**
表 38　農業経営体の労災保険その 1　**130**
表 39　農業経営体の労災保険その 2　**130**
表 40　農業者の労災保険加入の可否　**137**
表 41　労災保険料率　**138**
表 42　給付基礎日額・保険料一覧表　**139**
表 43　労災保険の 7 つの補償の内容　**140**
表 44　労災保険給付等一覧　**142**
表 45　年齢階層別の給付基礎日額の最低・最高限度額　**144**
図 19　労災の給付体系　**145**

● **Chapter 6　雇用保険**
表 46　農業経営体別の適用雇用保険　**149**
表 47　雇用保険率表（平成 30 年度）　**153**
表 48　自己都合退職等の所定給付日数　**154**

表 49　特定受給資格者についての所定給付日数　**154**
表 50　雇用保険の高年齢求職者給付金の所定支給日数（65 歳以上）　**155**

● **Chapter 7　農業者年金**
表 51　保険料の国庫補助対象者と補助額　**161**
図 20　特例付加年金を受給する者しない者　**163**
図 21　通常加入コースの加入から給付まで　**164**
図 22　政策支援コースの加入から給付まで　**164**

● **Chapter 8　国民年金基金**
図 23　自営業者やフリーで働く人の公的年金　**169**
表 52　全国農業みどり国民年金基金の概要　**170**
表 53　みどり国民年金基金の給付（年金）の 7 つのタイプ　**173**

● **Chapter 9　個人型確定拠出年金：iDeCo（イデコ）**
表 54　iDeCo の加入者と掛け金上限　**175**
図 24　iDeCo の対象者と拠出限度額　**176**

● **Chapter 10　小規模企業共済制度**
表 55　農業協同組合の代理店（30 都道府県　平成 30 年 5 月 17 日現在）　**185**
表 56　小規模企業共済制度の共済金、解約手当を受け取れる事由　**187**
表 57　基本共済金等の額［掛金月額 10,000 円で加入した場合］　**188**
表 58　共済金・解約手当金の税法上の取扱い　**189**

● **Chapter 11　中小企業退職金共済制度**
表 59　中退共制度の概況　**191**
表 60　中退共制度の加入条件　**193**
表 61　中退共の掛金　**194**
表 62　中退共制度の付加退職金支給率状況　**196**
表 63　中退共の月額掛金の決定方法（基本退職金額方式）　**198**
表 64　賃金を基準にした月額掛金［例］　**198**

● **Chapter 12　日本フルハップ**
表 65　日本フルハップの補償内容　**202**
表 66　日本フルハップの加入者になれる人　**204**
表 67　日本フルハップの税務上の処理　**205**

表 68　会員（法人・個人事業主）が受け取る補償費の経理処理（税務）　**205**
表 69　加入者や遺族へ補償費を支給する場合の税務処理　**206**

● **Appendix　【付】収入保険に入るか入らないか**
表：付 1　既存の農業保険　**208**
図：付 1　収入保険の補てん方式（全体像）　**209**
図：付 2　基準収入の算定シミュレーション（一例から抜粋）　**213**
図：付 3　掛け金と補てん金の計算（掛け捨てのみの場合）　**215**
図：付 4　掛け金と補てん金の計算（掛け捨て＋積立方式の場合）　**217**

PROLOGUE 農家からよく出される質問とそれへの答の要点

　さて、年金や保険といっても、その種類は非常に多く、家族経営なのか法人なのか、専業なのか兼業なのかによって加入できる制度が違ったりします。この本では、それらを少しずつ解説していきながら皆様の理解を深めていきたいと考えています。

　まずはじめにこの序章では、農家からよく出される質問や、ああ、こういうことが理解されてないんだな、ということについて典型的なことがらを紹介し、それに対する答の要点を説明いたします。詳しくは、第1章以降の各章をお読みください。

1　国民健康保険料が高い！　なんとかして

　これ、この質問がとても多いのです。この質問・疑問を解消するには、まず、国民健康保険料の算出方法がどうなっているかを理解しなければなりません。

表1　おもな医療（健康）保険
（表の右側の各種健康保険を総称して「（公的）医療保険」といいます）

給与所得者（サラリーマンなど）の医療保険	健康保険（協会けんぽ、組合健康保険）
公務員の医療保険	共済組合（短期給付）
個人事業主やその家族、その他上記以外の人の医療保険	国民健康保険

　国民健康保険は、都道府県と市町村が共同で運営管理する医療保険システムです。そしてその保険料の算出システムは次のようになります。

　　国民健康保険料＝所得割＋均等割＋資産割＋平等割

- 所得割：前年所得に応じて一定割合で発生する保険料です。

- 資産割：持っている家や土地の価値に応じて保険料が変わります。ほぼ定額です。
- 均等割：加入者1人に対して定額でかかる保険料です。
- 平等割：1世帯に定額でかかる保険料です。定額です。

　これをみると、国民健康保険料の多い少ないは、**所得割**つまり前年所得の多い少ないに直接影響されることがわかります。

（1）国民健康保険料は、決算書の所得金額を減らせば軽減できます
——国民健康保険料は総所得等で決まる

　つまり、次の図1の総所得の金額で決まります。

　これをみると、税金（所得税）の計算とはかなり違うことがわかります。所得税の金額は、その所得金額（収入から経費を差し引いた金額）から「所得から差し引かれる金額（所得控除）」を控除した課税所得から算出されます（このような税金の仕組みの基本的なことは、私も著者の一人になっている『新農家の税金』各年版（農文協刊）を参照してください）。

　それに対して国民健康保険料（以下、国保税と表記する場合もあります。同じものです）の所得割（所得に応じた保険料）は所得金額そのものを基準に算出されます。つまり、所得控除をする前の所得金額が国保税の所得割の基準になるのです。それぞれ計算する基礎金額が全く違っているのです。

　そのため、扶養控除や障害者控除、医療費控除や社会保険料控除といった所得控除額が大きいときは、よく儲かって農業所得が多いときでも所得控除額がそれを上回って課税所得は0というときもあります。しかしこの場合は、税金は0でも所得金額が大きいため国民健康保険料はかなりの金額が請求されることになります。こういう仕組みを知らないので、「税金はあまり払ってないのに、国民健康保険料はすごく高い。どうなっているのでしょうか」という質問につながるのです。

　図1を見ればわかると思いますが、おもな所得が農業という場合、農業所得、つまり決算書上の所得金額をいかに少なくできるか否かで、国民健康保険料を減らせるかどうかが決まってくるのです。

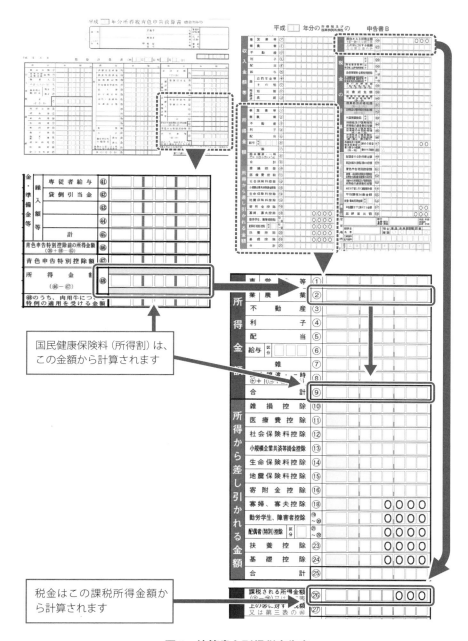

図1 決算書と所得税申告書

(2) できることはいっぱいある

となれば、対策はおわかりですよね。収入から、その収入を得るために必要とされる経費をくまなく計上して所得金額を下げるのです（この点も前記した『新 農家の税金』各年版（農文協刊）を参照）。農業生産に直接かかる各種経費はもちろん、以下の対策をとって決算書の所得の数字を下げるのです。

①青色申告農家になり青色申告特別控除額65万円を計上
②白色農家は、専従者控除額（配偶者86万円等）を目いっぱい計上
③青色専従者給与を可能な範囲で目いっぱい計上
④家族従業員を中小企業退職金共済制度に加入させる、等です。

また、青色申告農家であれば、決算書の所得がマイナスの場合でも、その赤字を3年間繰り越して翌年以降の総所得等を減額することができ、結果として翌年以降の国民健康保険料を減額することも可能です。

国民健康保険料を減額したければ、まずは青色申告農家になることです。

医療費控除を増やしたり、生命保険料控除額を増やしたり、はたまた社会保険料控除額を増やしても、税金は減らせても国民健康保険料は1円も減額することはできないことを頭に入れてください。

(3) 青色申告特別控除額65万円計上で約16万円も得をした

ここでは、課税所得180万円、国民健康保険料の所得割率10％（仮）という前提で計算します（課税所得区分別実効税率（所得税＋住民税）は表2をごらんください）。

表2 課税所得の金額区分別にかかる実効税率表（所得税率＋住民税の税率）

課税される所得金額	実効税率	所得税率	住民税率
1,950,000円以下	**15%**	(5%)	(10%)
1,950,000円を超え　3,300,000円以下	20%	(10%)	(10%)
3,300,000円を超え　6,950,000円以下	30%	(20%)	(10%)
6,950,000円を超え　9,000,000円以下	33%	(23%)	(10%)
9,000,000円を超え　18,000,000円以下	43%	(33%)	(10%)
18,000,000円を超え　40,000,000円以下	50%	(40%)	(10%)
40,000,000円超	55%	(45%)	(10%)

このときに青色申告特別控除額65万円計上することにより決算上の所得も課税所得も65万円減ります。この結果、下記の計算式のとおり、国民健康保険料は6万5000円減り、また税金も所得税と住民税合わせて9万7500円も減り、合計すると16万2500円もお得になりました。

　　所得減額分　　国保：所得割率　　国保の所得割額減額分
　　　65万円×　　　　10％　＝　　　6万5000円
　　課税所得額減額分　　　　　　　実効税率　　　　　　　所得税・住民税減額分
　　　65万円×　15％（所得税率5％＋住民税率10％）＝9万7500円

＊1　厳密には、所得税には所得税額の2.1％の復興特別所得税が加算されますので、所得税減税額はその分多くなります。

＊2　この表2は、課税所得の金額区分別にかかる実効税率（所得税＋住民税）を示したものです。
　　すなわち、課税所得が195万円以下の部分には15％、195万円超330万円以下の部分には20％、……4000万円超の部分には55％の実効税率がかかるということであって、例えば課税所得4001万円の人がまるまる55％（＝2200万5500円）課税されるということではありません。
　　課税所得が320万円の人は、うち195万円までの部分には15％＝29万2500円、プラス195万円から320万円までの部分＝125万円には20％＝25万円、合計54万2500円の税金（所得税＋住民税の合計）がかかる、ということです。
　　また、住民税には、この表に示した課税所得にかかる税のほか、均等割（1世帯あたり年4000～5000円程度）もあります。

＊3　なお、所得税と住民税では、課税範囲や所得控除金額の違いがあるため、この表は申告等実務上の計算には使用できませんが、経営判断をする上で概略をつかむために利用してください。

　なお、所得税を簡単に算出できる税額速算表は48ページ表7をごらんください。

● **決算書の所得金額を減らせば、次に述べる後期高齢者医療制度の保険料も介護保険料も減らせます**

　後期高齢者の保険料も介護保険料も、前年の総所得等の金額で決まります。
　詳しくは第2章98～101ページ、および第4章の5、6、7（117～127ページ）の項をごらんください。

2　「後期高齢者医療制度」ってなんですか？

● 75歳以上の人が入る独立した医療制度です。75歳以上は法人化のメリットあり。健康保険の扶養の壁もありません

　75歳になったら、サラリーマンも社長さんも、自営業者の人も無職の人も、すべての人が今までの医療保険からはずれて「後期高齢者医療制度」に加入することになります（寝たきり等の場合は65歳以上）。

　もちろん、今まで健康保険の被扶養者であるため保険料を納めていなかった方も含めてすべての人が対象です。

　このことが十分理解されていないため、いらない心配ごとの相談もあります。

　例えば農産物の加工組織の方（けっこう高齢者が多い）と話していたら、「健康保険の被扶養者になっていたいので、扶養からはずされないためにあまりたくさん働きたくない」というのです。

　私はそこで、「いやいや、働けるうちはしっかり働きなさい。健康保険の被扶養者になれる条件は60歳未満は年収130万円未満ですが、60歳以降は年収180万円未満であれば被扶養者になれますから。また、75歳になったら年収に関係なく扶養からはずれて後期高齢者医療制度に加入することになりますから」と説明しています。

　また、法人化コンサルの場でのことですが……。

　法人化の一番のハードルは健康保険料等社会保険料の負担の大きさです。

　法人化のメリットは税金面では節税効果がありますが、デメリットは社会保険料の金額が大きいことです。そして、こちらのデメリットのほうがはるかに大きいのです。

　コンサル場面ではこのデメリットをすべて明らかにし、実際に計算してその農家自身に判断してもらうようアドバイスしています。

　事例の中に、事業主が70歳を過ぎて後継者のために法人化をしたい、またはその反対の事例に当たることがあります。このときには案外法人化を勧めたりすることもあります。

　「法人化したら、協会けんぽに加入しなければなりません。その保険料の金額は山田さん（仮名、以下同）の給与の額に応じて増えていき結構な負担とな

りますが、もうすぐ75歳でしょ。75歳になったら協会けんぽからはずれて後期高齢者医療制度に加入することになります。そのときになったら少々給与をもらっても協会けんぽの保険料よりは少なくて済みますから大丈夫です。今のまま国民健康保険に加入を続けていたとしても、75歳になったらやはり後期高齢者医療制度に加入しなければなりません。そうなると法人の場合も個人の場合も山田さんの立場からすると、負担はほとんど変わりません。その意味では法人化しても問題はないと考えられます」
とアドバイスすることもあるのです。

　詳しくは、第2章「医療保険制度」の94、98ページを参考にしてください。

3　社会保険の扶養の壁を考えるとたくさん働かないほうがいい？

(1)　健康保険扶養の壁があってたくさん働けません。なんとかして

　雇用が増えてきている現在、個人の農業事業体で働く人は収入が増えても健康保険の被保険者には該当しません。自分で国民健康保険に加入するか、家族のなかに健康保険（組合健保や協会けんぽ）適用事業所に勤めている人があれば、その人の健康保険の扶養に入っています。

　この場合の被扶養者になれる条件は次のとおりです。

　会社などの健康保険の被保険者となっている人と生計を一にする家族のうち、年収の範囲が下記の範囲であれば被扶養者になれます。

- 同居……年収130万円未満で、かつ被保険者の年収の半分未満であるとき。
- 別居……年収130万円未満で、かつその年収が被保険者からの仕送り等の援助額より低いとき。
- 60歳以上の方、障害状態にある方の場合は年収180万円未満であるとき。

　［注意］この場合の年収とは、農業の場合は農業所得になります。

　今、給与取得者は自治体から交付されているマイナンバーの登録が必要になっています。となれば給与収入を隠すわけにもいきません。農村で働く人で、家族の誰かの健康保険に扶養されている事例は多く、ある一定以上働くと扶養からはずれることはわかっていても、それがどのぐらいかについてはあまり理解されていません。

とくに、60歳からの年収要件が180万円未満であること、つまり被扶養者になれる要件が緩くなることについては、ほとんどの方が知っていません。
　それと、年収要件ですが、税金の扶養要件は過去の所得で判断しますが、健康保険の扶養や厚生年金保険の扶養は、今日から1年間の収入を予測して判断します。ということは、60歳未満の人は年収130万円未満が条件ですから、月10万8334円以上の給与収入が3カ月続いたときに、健康保険の扶養からはずれます。これが、60歳以上の人の場合では、年収180万円未満ですから月15万円以上の収入が3カ月続かないと扶養からはずれません（逆にいうと3カ月以上続くとはずされる）。
　でも、この年収基準は、他の年金収入なども含めたものとなっていますので十分に注意することが必要です。
　詳しいことは、「第2章　医療保険制度」の103～104ページを参考にしてください。

(2) 年金保険扶養の壁があってたくさん働けません。なんとかして

　農村の中で働く60歳未満の奥さんは、夫の厚生年金の扶養になっていることが多く、この場合の奥さんの年収130万円未満という要件はとても厳しいのではと思います。年収が130万円以上になると、次のような負担と支出が増え、さらには夫の収入（扶養手当）も減ることになります。
　ⅰ　夫の健康保険の扶養からはずれ、自分で国民健康保険に加入しその保険料と介護保険料を納めなければならない。年間約10万円の出費増
　ⅱ　夫の厚生年金の扶養からはずれ、自分で国民年金保険料を納めなければならない。年間約20万円の出費増
　1万6340円／1カ月（平成30年度）×12カ月＝19万6080円
　ⅲ　夫の会社の給与体系に配偶者手当がある場合は、収入が減ります。
　＊配偶者手当の基準は、配偶者の年収が社会保険料支払い発生基準の130万円未満が多い。
　＊1カ月あたりの配偶者手当が1万円（仮）のとき、夫は年間12万円の収入減になります。

　これらを合計すると、約42万円になります。配偶者の給与収入が129万9999円か130万円かで、42万円の差が生じてしまうのです。

（3）配偶者控除で 103 万円の壁があってたくさん働けません。なんとかして

　所得税法改正により、所得控除として配偶者の給与収入 103 万円（給与所得 38 万円）までは配偶者控除 38 万円、給与収入 150 万円（給与所得 85 万

表3　配偶者特別控除の控除額（所得税、住民税）

●配偶者特別控除の控除額（所得税）

配偶者の合計所得金額	控除額		
	合計所得金額 9,000,000 円以下 の納税者	合計所得金額 9,000,000 円超 9,500,000 円以下 の納税者	合計所得金額 9,500,000 円超 1,0000,000 円以下の納税者
380,000 円超　850,000 円以下	380,000 円	260,000 円	130,000 円
850,000 円超　900,000 円以下	360,000 円	240,000 円	120,000 円
900,000 円超　950,000 円以下	310,000 円	210,000 円	110,000 円
950,000 円超　1,000,000 円以下	260,000 円	180,000 円	90,000 円
1,000,000 円超　1,050,000 円以下	210,000 円	140,000 円	70,000 円
1,050,000 円超　1,100,000 円以下	160,000 円	110,000 円	60,000 円
1,100,000 円超　1,150,000 円以下	110,000 円	80,000 円	40,000 円
1,150,000 円超　1,200,000 円以下	60,000 円	40,000 円	20,000 円
1,200,000 円超　1,230,000 円以下	30,000 円	20,000 円	10,000 円

●配偶者特別控除の控除額（個人住民税）

配偶者の合計所得金額	控除額		
	合計所得金額 9,000,000 円以下 の納税者	合計所得金額 9,000,000 円超 9,500,000 円以下 の納税者	合計所得金額 9,500,000 円超 10,000,000 円以下の納税者
380,000 円超　900,000 円以下	330,000 円	220,000 円	110,000 円
900,000 円超　950,000 円以下	310,000 円	210,000 円	110,000 円
950,000 円超　1,000,000 円以下	260,000 円	180,000 円	90,000 円
1,000,000 円超　1,050,000 円以下	210,000 円	140,000 円	70,000 円
1,050,000 円超　1,100,000 円以下	160,000 円	110,000 円	60,000 円
1,100,000 円超　1,150,000 円以下	110,000 円	80,000 円	40,000 円
1,150,000 円超　1,200,000 円以下	60,000 円	40,000 円	20,000 円
1,200,000 円超　1,230,000 円以下	30,000 円	20,000 円	10,000 円

円）までは配偶者特別控除 38 万円が計上できるようになりました（前ページの表 3 参照）。

　この改正は、平成 30 年分以後の所得税、平成 31 年度以後の個人住民税から適用されます。

　しかし、この改正で利益を受けるのは、今までの年収が 130 万円以上の方だけであり、夫の厚生年金の扶養になっている主婦にとってそれほど魅力的なものではありません。調子に乗って働き 130 万円以上の給与収入になると、上記のように 42 万円の損になってしまうのです。税金より社会保険料の金額が大きすぎます。

　マイナンバー制度により年収がごまかせなくなりました。十分な知識をもって対処しなければ、とんでもない損になります。

　詳しいことは、「第 1 章　公的年金制度」の項を参考にしてください。

4　働くと年金が減らされるの？

　コンサルをしていると、「どれぐらい働いたら年金が減らされるの？」とか、「私のところの年配のパートさんが『たくさん働いたら年金が減らされるかも』といってあんまり働いてくれないのですが、どうなんでしょうね？」といった質問をされることがよくあります。

　これは、在職老齢厚生年金のことをいいます。在職老齢厚生年金は、厚生年金保険の適用事業所で厚生年金保険料を掛けながら（70 歳以上は厚生年金保険料を掛けずに）働き、その一方で収入に応じて減額されて受け取る老齢厚生年金のことをいいます。

　ここでのキーワードは、「厚生年金保険の適用事業所」と「厚生年金保険料を掛けながら（70 歳以上は厚生年金保険料を掛けずに）働く」という文言です。

　厚生年金保険の適用事業所で働かない場合は、年金は 1 円も減額されません。

　このキーワードから読み解くと、次の事例で給与や所得をあげても年金は減らされないことになります。

・個人農業者のところ（厚生年金保険の適用事業所でない）で働き、給与を得た。

⇒年金は減額されません。

　農業を営む個人事業体は厚生年金保険の任意適用事業所ですから、ここでいくら給料をもらっても、たとえ月給100万円であったとしても年金額は減額されないことになります。

　個人農家で雇用が多い事業体の場合は、それを逆手にとって年金受給者に大いに働いてもらうこともできるのです。

　知らなきゃ大損です。

- 農業や不動産で所得をあげた。

⇒年金は減額されません。

　これは所得（事業所得、不動産所得）であり給与収入ではありません。ですから年金は減額されません。年金をもらいながら大いに働いてください

　上記のキーワード「厚生年金保険料を掛けながら（70歳以上は掛けずに）働く」という文言のもう1つの意味ですが、これは、厚生年金保険加入に該当する働き方のことをいいます。

　具体的には厚生年金保険の適用事業所で、

①常時雇用されている

②アルバイトやパートであっても、一般社員の勤務時間および労働日数の4分の3以上働いている

　そういった働き方は、厚生年金保険加入に該当する働き方になります。

　逆に言うと、次のような働き方の人は、厚生年金保険の適用事業所で働いても、厚生年金保険に加入する義務はありませんから、在職老齢厚生年金が減額されることはありません。

- 日雇いの場合
- 雇用契約が2カ月以内の場合
- 季節的事業（4カ月以内）または臨時事業所（6カ月以内）で働く場合
- 事業所の所在地が一定でない場合

　ですから、たとえ法人（厚生年金保険の適用事業所）で働いたとしても、アルバイトやパート的な働き方で、一般社員の勤務時間および労働日数の4分の3未満の労働条件で働いている場合は、在職老齢厚生年金は減額されません。

＊1　法人であっても厚生年金保険の適用事業所として登録していない場合はダメ

です。法人は、基本的に厚生年金保険の強制適用事業所です。したがって、厚生年金に加入し保険料を納めないことが違法行為ということになります。したがってそこで働く人が年金の減額を免れたとしても摘発されたら後で年金減額分を追徴されることになっています。法人も罰せられ、法人の厚生年金負担分も追徴されます。

＊2　平成27年10月以降では、在職老齢厚生年金の減額調整の計算の対象が拡大されました。70歳の人も80歳の人も、さらには90歳100歳の人までもが、厚生年金適用事業所において、所定の基準で働く限り、在職老齢年金の減額調整の計算の対象となったのです。

5　農業者にも税制上有利な退職金制度があるんですって？
──「小規模企業共済」制度のこと

　現場でコンサルをしているときに、「農業だって退職金制度があるんですよ」というと、「えっ！　そうなんですか」と目を丸くしてびっくりされます。

　正しくは経営者のための退職金制度で、農業者も事業主として加入できる「小規模企業共済」のことをいいます。

　自分で将来の退職金を受け取るために掛け金を払い、農業をやめたときにその退職金を受け取るというものです。考えてみれば貯金をして将来その貯金を下ろすようなものですが、大きな違いはその税制にあります。

（1）掛け金は全額所得控除

　政府が100％出資の独立行政法人中小企業基盤整備機構が運営する「小規模企業共済制度」の掛け金は全額所得控除され課税所得額を直接減らし税金を安くする効果があるのです。

　以下、要点を述べますが、加入の仕方など詳しくは「第10章　小規模企業共済制度」（183ページ以降）を参照してください。

　入力方法については、図2の小規模企業共済掛金控除額の入力欄を参考にしてください。

　毎月の掛金額は、1000円から最高7万円までの間で、500円単位で自由に設定できます。

　仮に毎月5万円の掛け金にすると、年間60万円の小規模企業共済等掛金控除額として所得控除ができます。すなわち課税所得が60万円減りますので、

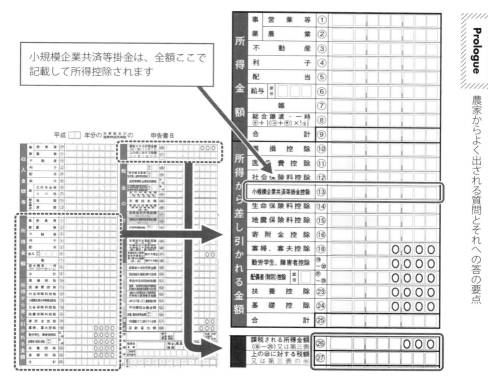

図2 小規模企業共済等掛金控除額の入力欄（確定申告書内での）

課税所得金額が195万円以下の農家の場合、60万円×15%（（所得税5%＋住民税10%）＝9万円の減税効果があります（22ページ表2の実効税率表参照）。

これが課税所得400万円の農家なら、同じく上記実効税率表により計算すると減った課税所得60万円×30%（所得税20%＋住民税10%）＝18万円の減税効果になります。

この制度は、配偶者や後継者も共同経営者として、経営者以外に2人まで加入することができますのでよく検討して将来設計をすることが大切です。

（2）共済金を受け取る時も税制メリット

一時金として受け取り　⇒　退職所得扱い

分割(年金方式)で受け取り ⇒ 公的年金等所得扱い

　農業を後継者に継承したり、または農業を廃業したときに共済金を一時に受け取ったときは、共済金は「退職所得」として計算され、税制上のメリットを享受できます。

　退職所得の金額は、原則として、次のように計算します。

　{収入金額(源泉徴収される前の金額)－退職所得控除額}×1／2＝退職所得の金額

　退職所得控除額は表4のとおりです。

表4　退職所得控除額

勤続年数(＝A)	退職所得控除額
20年以下	400,000円×A
20年超	8,000,000円＋700,000円×(A－20年)

　例えば毎月3万円ずつ掛け続け、15年後に後継者に経営継承して退職するときに一括して受け取る共済金の額は、元利合計約603万円が予定されています。
　この金額から退職所得を計算すると表4の上の欄により、次のようになります。

　{603万円－(40万円×15年)}×1／2＝1万5000円

　収入金額約603万円に対して、課税対象になる退職所得はたったの1万5000円と計算され、ほとんど税金がかからないのです。
　ちなみに、小規模企業共済掛金を30年間かけて受け取る共済金は、1500万円まで税金はかかりません。
　参考:30年分の退職所得控除額800万円＋70万円×10年＝1500万円
　その他詳しくは「第10章　小規模企業共済制度」(181ページ以降)をごらんください。

6　出稼ぎ＋農業　ちょっとだけ気をつけてください

　春から秋にかけては農業をし、冬の間は短期雇用特例被保険者として出稼ぎ

をしている方のうち、地元での農業を、法人形態でやっている事例があります。その場合に法人の役員になっていると、雇用保険の失業給付が支給されないことがありますので注意が必要です。役職によっては役員手当が0円でも雇用保険から外れます。

　例えば、農事組合法人の理事ですが、これは雇用保険の対象からはずれます。役員報酬が0円でも駄目なのです。他には株式会社の代表取締役も役員報酬の如何に関わらず、失業給付は受け取ることができません。知らなきゃ大損ですね。

　詳しいことは、「第6章　雇用保険」の項を参照してください。

7　65歳以上の労働者も雇用保険の適用対象
　　⇒　これは事業主にどんな影響があるの？

　平成29年1月1日以降、新たな就業先で雇用される65歳以上の労働者についても適用要件を満たす場合は「高年齢被保険者」として雇用保険の適用対象となりました。

　今回の雇用保険法等の改正により、これまで雇用保険の適用対象外であった65歳以上の労働者であっても、「1週間の所定労働時間が20時間以上、31日以上の雇用見込み」という要件に該当する場合は、新たに雇用保険の適用対象となりました（ただし、65歳以上の労働者の雇用保険料の徴収は平成31年度分までは免除されます）。

　この改正の背景には、高齢者で働く人口が増えてきたことがあげられます。

　この雇用保険の適用拡大は、すべての年代で雇用保険が受けられるように年齢の上限を事実上撤廃したものです。

　これは、高齢者を多く活用する農業経営体（法人も個人も）にとって、新たな公的保険の出費につながります。65歳以上の労働者の雇用保険料の徴収は平成31年度分までは免除されますので、当面は心配いりませんが、今後の対応が求められます。

　詳しいことは、「第6章　雇用保険」を参照してください。

8　労災保険に入らないとどんなことがおきますか？

（1）怖いこわい労災事故。従業員のためにも事業主のためにも労災保険に加入しましょう！

　労災保険は、原則として労働者を1人でも雇っていれば、すべての事業所に加入が義務づけられます。つまり、強制適用事業所になります。この事業所は、個人事業所、法人、人格なき社団（みなし法人）を問いません。

　しかし、当分の間、個人経営の農林・畜産・養蚕・水産の事業で、常時5人未満の労働者を使用する事業は、強制適用事業としません（暫定任意適用事業：任意加入はできます）。

　しかし常時5人未満の労働者を使用する農家であっても、危険な作業（農薬散布や機械作業、牛等の家畜の管理等）をさせる場合には、必ず労災保険に加入しておきましょう。

　というのは、暫定任意適用事業所であっても、「一定の危険有害な作業を主として行う農業・畜産・養蚕・水産の事業で常時労働者を使用するもの」等の作業をさせる場合には、強制適用事業所になり労災保険加入が義務付けられているからです。

（2）労災保険未加入のときに、労災事故が発生したらどうなるの？

　事業主が労災保険に未加入の場合でも、労働基準監督署で所定の手続きを行い、労災（業務災害・通勤災害）の認定を受けたときには、通常どおり、労災保険からの支給がなされます。

　ただし、事業主が労働者死傷病報告を労働基準監督署長に届け出しない場合には休業補償給付を受けられないとされています。

（3）加入を怠ったり故意に加入しないと事業主は遡って保険料と労災給付金額が徴収される！

　事業主が労災保険の加入手続を怠っていた期間中に労災事故が発生した場合には、遡って保険料が徴収されます。このほか、事業主が故意に労災保険の加入手続きを行っていないと認められた場合には、労災保険から給付を受けた金額の100％が事業主から徴収され、事業主が重大な過失で加入手続きを行っ

ていないと認められた場合には、労災保険から給付を受けた金額の40％が、事業主から徴収されます。

これは大変なことです。労災保険未加入で労災事故が起きてその労災給付金額が、例えば1000万円したなら400万円、未加入が故意と判断されたら1000万円の出費を余儀なくされるのです。知らなきゃ損ではすまされません。

詳しいことは、「第5章 農業者のための労災保険」を参照してください。

9 農業者のための労災保険にはどんなメニューがありますか？

労災事故に対する不安を抱えながら農業を続けることは、精神衛生上もよくありません。でも、何らかの対応をしなければならないし、どんなメニューがあるんだろうなという疑問があるかと思いますので、それぞれの経営規模にあった事故補償対策メニューを作成してみました。

(1) 法人の場合

法人は労災保険の強制適用事業所ですから、労災保険への加入が義務付けられています。役員は、「事業主等」で労災保険の特別加入制度があります。特別加入する場合には労働保険事務組合に事務委託をします。その場合、SR経営労務センター（社会保険労務士の有志により設立された労働保険事務組合）か商工会議所等の労働保険事務組合があるため、労災保険に加入するハードルは低いと考えられます。

* 労働保険事務組合とは、事業協同組合、商工会議所、商工会その他の事業主の団体またはその連合団体が、その団体の事業の一環として事業主から委託された労働保険事務の処理を行うために、都道府県労働局長の認可を受けた場合に呼称される名称です。

(2) 個人事業主の場合
①事業主と家族従事者だけの場合
［メニュー1］「特定農作業従事者」畜産農家・果樹農家・専業農家へお勧めです。

［メニュー2］「指定農業機械作業従事者」農業機械を使用される農家へお勧

めです。

　事業主の家族従事者は労災保険法上の労働者ではないので、労災保険には加入できません。しかし、農業者には「特定農作業従事者」と「指定農業機械作業従事者」という特別加入制度がありますので、どちらかの労働保険事務組合に個人名で加入することになります。

　この場合に問題となるのは、「特定農作業従事者」と「指定農業機械作業従事者」それぞれに労働保険事務組合がないということです。そういった場合は、同じ農業者が集まって労働保険事務組合をつくらなければなりません。

　実際の事務は社会保険労務士にお願いするわけですが、この労働保険事務組合をつくるということが大変なことなのです。そのため、全国ではその労働保険事務組合をJAが窓口となってつくったりしているところもあります。

②事業主と家族従事者＋労働者（労働日数100日未満）だけの場合
●労災保険ではないが、フルハップ（第12章）を活用することも考えましょう！

［メニュー1］全員フルハップに加入
　この場合の労働者は雇用保険の被保険者であること
［メニュー2］事業主とその家族はフルハップ加入、労働者については労働者を対象とした労災保険に事業主が加入
［メニュー3］事業主とその家族は「特定農作業従事者」か「指定農業機械作業従事者」の特別加入、労働者については労働者を対象とした労災保険に事業主が加入

　事業主が加入できる労災保険特別加入制度には、「中小事業主等」、「特定農作業従事者」そして「指定農業機械作業従事者」の3つあります。「特定農作業従事者」と「指定農業機械作業従事者」については労働者がいなくても加入することができますが、「中小事業主等」については、年間100日以上働く労働者の存在が必要となります。

　また、「特定農作業従事者」か「指定農業機械作業従事者」に加入する事業主が労働者を雇用したときは、必ず労災保険に加入しなければなりません。

　＊機械作業など危険な作業をさせる場合は、労働者が5人未満でも労災保険に加入しなければなりません。

この場合は、労災保険は加入できても、事業主とその家族従事者は「中小事業主等」の特別加入制度に加入することはできません。
　なお、「中小事業主等」とは、農業の場合、常時使用する労働者数が300人以下、かつ、年間100日以上労働者を使用することが見込まれる事業主および労働者以外でその事業に従事する者です。
　その場合よく行われていることは、アルバイトが100日働くという前提で、その分の年間給与額50万円（日当5000×100日）を基礎として労災保険に加入し、それを基に夫婦で「中小事業主等」の特別加入をしているということです。

③事業主と家族従事者＋常時従業員（労働日数100日以上）5人未満の場合
［メニュー1］全員フルハップに加入
この場合の労働者は雇用保険の被保険者であること
［メニュー2］事業主とその家族はフルハップ加入＋労働者については労働者を対象とした労災保険に加入
［メニュー3］事業主とその家族は「特定農作業従事者」か「指定農業機械作業従事者」の特別加入＋労働者については労働者を対象とした労災保険に加入。
［メニュー4］事業主とその家族は「中小事業主等」の特別加入＋労働者については労働者を対象とした労災保険に加入
　100日以上働く労働者がいる場合は、無理に「特定農作業従事者」等の特別加入をしなくてもいいと思います。少し保険料が高くても「中小事業主等」の特別加入の方が簡単に加入できます。それでもJA窓口の労働保険事務組合があるのなら、メニュー3がベターかなと考えています。

④事業主と家族従事者＋常時従業員（労働日数100日以上）5人以上の場合
［メニュー1］事業主とその家族はフルハップ加入＋労働者については労働者を対象とした労災保険に加入
［メニュー2］事業主とその家族は「特定農作業従事者」か「指定農業機械作業従事者」の特別加入労働者を対象とした労災保険に加入＋労働者については労働者を対象とした労災保険に加入
［メニュー3］事業主とその家族は「中小事業主等」の特別加入＋労働者に

については労働者を対象とした労災保険に加入

　常時従業員が5人以上のときは、労災保険強制適用事業所になりますので、従業員はフルハップに加入できません。ここは上手にすみ分けているようです。

　今ある制度を活用して、家族と従業員を守っていくことは大切なことです。知らなきゃ大損であり、道義的にも問題です。

　詳しいことは「第5章　農業者のための労災保険」および「第12章　日本フルハップ」ごらんください。

10　国民年金の上乗せ（2階部分）の年金を活用しよう

　国民年金に上乗せして厚生年金に加入している会社員等の給与所得者と、国民年金だけにしか加入していない自営業者が加入する国民年金の第1号被保険者とでは、将来受け取る年金額に大きな差が生じます。

　この年金額の差を解消するために自営業者などから上乗せ年金を求める強い声があり、国会審議などを経て、厚生年金などに相当する「国民年金基金」（第8章参照）制度が平成3年4月に創設されました。

　そして、農業者のためにはＪＡを窓口とする全国農業みどり国民年金基金（通称みどり年金）が用意されています（170ページ参照）。

　これと同じように、農業者が活用できる2階部分の年金として農業者年金（第7章）とiDeCo（個人型確定拠出年金、第9章）があります。

　これら2階建て部分の年金を上手に活用することにより、将来の農家生活

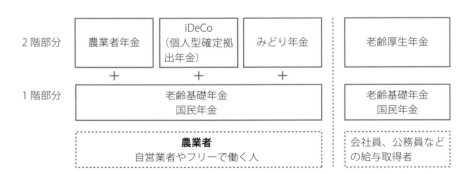

図3　年金の1階部分と2階部分

の安定を図ることができます。

ではこれらの上乗せ年金はどんなメリットがあるのでしょうか。

(1) 掛け金は全額所得控除

　農業者年金、iDeCo（イデコ）そしてみどり年金も、その掛け金は全額所得控除の対象となります。これはたいへんな節税になりますね。

　農業者年金の掛金は、月額6万7000円、年80万4000円まで社会保険料控除として所得控除できます。

　iDeCoの掛金は月額6万8000円、年81万6000円まで小規模企業共済等掛金控除として所得控除ができます。

　みどり年金の掛金は、月額6万8000円、年81万6000円まで社会保険料控除として所得控除できます。

＊1　［注意］農業者年金は、みどり年金またはiDeCoとの併用はできません。

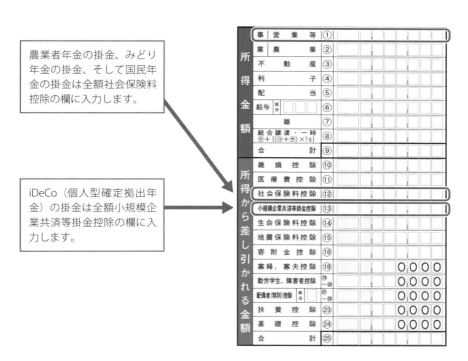

図4　上乗せ年金の掛金と所得控除

＊2　みどり年金とiDeCoの重複加入は可能ですが、その合計額は月額6万8000円が限度となります。

(2) 受給時の税務はこれだけ有利

　農業者年金またはみどり年金の給付額は、国民年金等の年金給付額と併せて、公的年金等控除の対象となります。

　iDeCoの給付額を年金で受け取る場合も、国民年金等の年金給付額と併せて、公的年金等控除の対象となります。

　iDeCoの給付額を一時金で受け取る場合は、「退職所得」扱いとなり税金が無税または大幅に安くなり、たいへん有利になっています

　このように、節税を図りながら上乗せ年金を掛けて、受け取る時にもそのまま受け取れるようにすることは、現在の生活だけでなく将来の生活を守るためにもとても大事なことです。

　詳しいことは、「第7章　農業者年金」の項をごらんください。

11　法人化で損する人、得する人
──法人化したら得なの、損なの？　きっちりと教えてください

　法人化が叫ばれる昨今、法人化したらどれぐらい得なのか、それとも損なのか、それぞれ検証しなければなりません。

　現場でコンサルをしていると、ちゃんと目的意識をもって法人化を目指している人が多いことはよくわかります。そのなかで、「近い将来におきる相続を見越して本業である農業資産を法人に移しておきたい」という目的と、「将来にわたり優秀な人材を確保できる態勢をつくりたい」という目的が多いように感じられます。そういう目的意識がある人を私は応援したいと常々思っています。

　でもなかには、ただ単純に「節税のため」という人もいます。そういうときには「本当にそうですか？」と疑問を投げかけるようにしています。

　そういう方は節税にばかり気を取られ、法人化に伴う社会保険料の金額の多さまで目を向ける余裕がない、あるいはハナからそういうことを考えていないようです。そこで本節では法人化に伴う支出面に光をあて、法人化に伴ってそ

れがどう変化するかについて理解を深めていきましょう。

　法人化のメリット・デメリットは、それぞれの経営体ごとに大きく異なっています。

　私は、法人化コンサルではそれをすべて説明し、そのあと農家の人に自分自身で判断するようにアドバイスしています。

　そこで以下、私が現場コンサルで行っている法人化に伴うメリット・デメリットの説明を簡単な事例で紹介したいと思います。将来法人化したいと思っている方も、また、今法人化を考えている方にもきっと役に立つ内容と信じています。

（1）事業主の税金面では確かに得だが……

　この頃は、行政も関係機関もこぞって「法人化！　法人化！」と、決まったように口をそろえて「農業の法人化」を叫び、推進しています。

　しかし、法人化というものは、支出面からみて本当に得なのかどうか、よく吟味してみる必要があります。

　法人化コンサルでは必ずといっていいほど税理士さんが登場し、「お宅のように儲かっているならば、法人化したらもっと税金が安くなりますよ」と実例を挙げて説明をされます。

　税金面で説明すると、専従者給与以外の事業主の農業所得が法人化により役員手当という給与所得になるからです。

　例えば、事業主の農業所得が500万円のとき、法人化により給与収入は500万円になります。そしてその給与収入の500万円から給与所得控除額154万円が控除され給与所得は346万円になります。この給与所得控除額が大きいのです。もしも事業主の課税ラインが20％（住民税10％含む）の場合は、30万8000円の節税になるからです。

　つまり事業主にとって給与所得控除額の金額だけ課税所得が減るので、税金も安くなる、ということです。

　このように考えると、法人化は農業所得の大きい経営ほど節税効果は大きいといえるでしょう。

　でもちょっと待ってください。本当にそうなのでしょうか。税務面ではそうですが社会保険料、とくに医療保険、介護保険、年金保険の面からはどうなっ

表 5　個人事業主と

年齢別	個人事業主（非法人農家）				個人の農業事業体で働く雇用者の保険		
	事業主および家族従業員						
	医療保険	介護保険	年金保険：国民年金保険	在職老齢年金	医療保険の加入	年金保険の加入	在職老齢厚生年金
75歳以上	後期高齢者医療制度（個人で支払い）：上限額620,000円	第1号被保険者（個人で支払い）	国民年金（老齢基礎年金）受給	老齢基礎年金（国民年金）の部分は減額対象にならず、減額調整の基礎数値にもならない	後期高齢者医療制度（個人で支払い）：上限額620,000円		いくら働いても老齢厚生年金は1円も減額されない
70～74歳	国民健康保険：扶養はない。最高負担限度額は1世帯全体で800,000円				国民健康保険にそれぞれ加入		
65～69歳							
60～64歳		第2号被保険者（国民健康保険と一括払い）：扶養はなし。最高負担限度額は1世帯全体で170,000円	空白期間				
40～59歳			国民年金加入期間			国民年金保険にそれぞれ加入	
20～39歳							

法人での社会保険の違い

法人（社会保険適用事業所）					
医療保険	介護保険	年金保険：厚生年金保険			
		厚生年金の強制加入	老齢厚生年金受給	厚生年金保険加入者の配偶者の扶養関係	在職老齢厚生年金
後期高齢者医療制度（個人で支払い）：上限額620,000円	第1号被保険者（個人で支払い）	70歳からは掛金の支払いなし	老齢基礎年金＋老齢厚生年金		働く限り在職老齢厚生年金の減額対象となる。ただし、老齢基礎年金（国民年金）は減額対象にならず、減額調整の基礎数値にもならない
協会けんぽ：保険料は給与収入×10％（平成30年度平均）。標準報酬月額の最高額は1,390,000円。＊協会けんぽの被扶養者は医療保険料を納めなくても加入できる（20〜59歳は年収1,300,000円未満、60歳以上は1,800,000円未満）	第2号被保険者（協会けんぽの保険料と一括払い）：保険料は給与収入×1.57％（平成30年度平均）＊介護保険の被扶養者は保険料を納めなくても加入できる（40〜64歳までは年収1,300,000円未満、60歳以上は1,800,000円未満）	厚生年金加入期間（入社時から加入）：60歳以降は「在職老齢厚生年金」として老齢厚生年金を受給しながら厚生年金保険料を納める。保険料は給与収入×18.3％標準報酬月額は、最高620,000円	特別支給の老齢厚生年金	厚生年金加入者の配偶者は国民年金第3号被保険者として、保険料を納めなくても加入できる（年収1,300,000円未満）	

ているのでしょうか。

　他には、その事業体に雇用されている方たちの気持ちの面からはどうなんでしょうか。

　このごろは、大きい経営でありながら、あえて法人化を選択しない経営も見受けられます。それらの方たちの気持ちをまとめてみると次のようなことがわかってきました。

　内容的にすぐにはわかりづらいかと思いますので、42～43ページ表5の個人事業主と法人での社会保険の違いを参照しながら理解を深めていきましょう。

(2) 個人農業経営体が法人化しない理由
（あくまで支出面での損得計算上です）

　①法人化すると社会保険（協会けんぽ、介護保険、厚生年金保険、労災保険、雇用保険）に加入しなければならない（強制加入）。

　②その結果、法人化すると医療保険料や年金保険料など社会保険料が増えます。

　③法人化すると60歳以上の方の雇用が難しくなる。
といったことが挙げられます。

　このことを、個人の農業経営体の面からいうと次のようになります。

　①個人の農業経営体では、従業員が何人いても、協会けんぽ等健康保険や厚生年金保険には加入しなくてもかまわない（任意適用事業所）ということになっています。

　また、労災保険や雇用保険については、常時雇用する従業員が5人未満の場合は、労災保険や雇用保険に加入しなくてもよい暫定任意適用事業ということになっています。

　②個人農業経営体の場合、医療保険は国民健康保険であり、いくら儲けても例えば100億円の所得があっても、一世帯当たりの保険料上限額は、介護保険料も含めると97万円ということになっています。

　それに対して、法人の医療保険である協会けんぽの保険料は、全員の給与収入に11.57％（介護保険料1.57％含む）を乗じますのでかなりの金額になります。

　例えば家族3人が法人の役員または従業員として年間300万円ずつ得てい

たとすると、医療保険料は104万円になります。

給与収入300万円×11.57％×3人＝約104万円

　いやそのかわり、病気や出産で会社を休んだときの傷病手当金と出産手当金がありますから、という声もありますが、その声はあまり重要視されません。

　また、法人で家族以外の従業員がいる場合は、その従業員の医療保険料の半分を法人が持つということになります。これも新たな負担ということになります。

　③個人農業経営体の場合、年金保険は国民年金保険になり、毎月1万6340円（平成30年度）年間約20万円弱の保険料が必要です。それに対して法人の厚生年金保険料は、給与収入に対して18.3％を乗じて算出されますのでこれまた大きな金額になります。つまり儲かれば儲かるほど保険料が増える仕組みとなっています。応分の負担という意味では当たり前の話なのですがそのようには理解してくれません。

　上記の事例でいえば、年間300万円の給与収入がある家族が3人いる場合は、法人にすると164万7000円の厚生年金保険料になります。

給与収入300万円×18.3％×3人＝164万7000円

　これも、法人と給与取得者で保険料は折半しますからと説明しても、「出所は一緒や！」と一蹴されます。また、将来受け取る年金額が違いますからといってもあまり、説得力はなさそうです。

　これが個人経営の場合における年金保険料の出費額は1人当たり年間20万円弱ですから3人で60万円となります。また、国民年金保険の場合は基本的に60歳になると掛けませんが、法人経営の場合は、そこで働き続ける限り70歳になるまで掛け続けなければなりません。もちろん保険料を納めた分は将来の年金額に反映されることになります。

　また、法人で家族以外の従業員がいる場合は、その従業員の厚生年金保険料の半分を法人が持つということになります。これも法人になったが故の新たな支出ということになります。

　④個人の農業経営体に雇用される人の中には、60歳以上で会社を定年退職してきた人も多く見られます。なかには優秀な技能をもってきている人もあり重宝される場面もあります。これらの雇用される人のいちばんの心配事は、「働きすぎたら年金が減らされるのでないか」ということです。それは、60歳

以上で働く場合、老齢厚生年金の受給額と給与・賞与の額（月額相当）に応じて、年金が減らされる「在職老齢年金」制度があるからです。これら心配される方のほとんどは老齢厚生年金を受給しながら働いています。でも心配いりません。個人の農業経営体は、厚生年金の強制適用事業所ではないので、いくら働いてもらってもその方たちの年金が減らされることはないのです。安心して働いてもらえるのです。

　これが法人になると、60歳以上の全員が在職老齢年金として減額調整の対象となるのです。実際に計算してみると、65歳以上になったら法人経営でも個人経営でも老齢厚生年金が減額されることはほとんどないのですが、仕組みがわからない人にとっては不安しかありません。

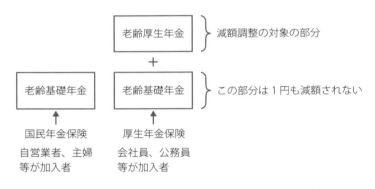

図5　65歳以上の老齢基礎年金と老齢厚生年金の受給内容

　図5を見ると、減額されるのは厚生年金の部分（老齢厚生年金）だけです。しかも65歳以上になると、老齢厚生年金額（老齢基礎年金は含まない）＋給与月額が46万円を超えたら減額されるということであり、65歳以上の方で、農村で老齢厚生年金額を減額された事例はまだ見たことがありません。60歳から64歳の方は、減額の基準額（28万円）が低いため減額される事例も多くあります。

（3）法人化によって、かえって支出が増える場合もある
　　──税金減と社会保険料増の両面をみることが大事！

　以上4つの心配事を掲げましたが、法人になってどれぐらい支出が増える

のか減るのかを、表6を参照しながら事例で見ていきましょう。実際の現場ではその状況に応じて計算していきます。

この項では、私が現場コンサルでおこなっている法人化に伴うメリット・デメリットの説明を簡単な事例で紹介したいと思います。将来法人化したいと思っている方も、また、今法人化を考えている方にとってもきっと役に立つ内容と信じています。

個人経営のAさん（労力は夫婦2人、どちらも40歳以上60歳未満））は農業所得が1000万円、所得控除額300万円、課税所得700万円の農家で、法人化を考えていました。

今まで、税金は住民税を合わせて約167万4000円になります（表6　課税所得に対する実効税率表から算出）。

表6　課税所得の金額区分別にかかる実効税率表（所得税率＋住民税率）

課税される所得金額	実効税率	所得税率	住民税率
1,950,000 円以下	15%	(5%)	(10%)
1,950,000 円を超え　3,300,000 円以下	20%	(10%)	(10%)
3,300,000 円を超え　6,950,000 円以下	30%	(20%)	(10%)
6,950,000 円を超え　9,000,000 円以下	33%	(23%)	(10%)
9,000,000 円を超え　18,000,000 円以下	43%	(33%)	(10%)
18,000,000 円を超え　40,000,000 円以下	50%	(40%)	(10%)
40,000,000 円超	55%	(45%)	(10%)

＊この表は、課税所得の金額区分別にかかる税率です。

例えば課税所得700万円の人は、その195万円までの部分に15％（＝29万2500円）、195万円超330万円までの部分に20％（＝27万円）、330万円超695万円までの部分に30％（＝109万5000円）、695万円超700万円までの部分に33％（＝1万6500円）、計167万4000円の税金（所得税と住民税の計）がかかるということです。課税所得700万円の人にそっくり33％（＝231万円）の税金がかかるということではありません。なお23ページの注1、2、3も参照ください。

より簡単に算出するには所得税の税額速算表（次ページ表7）でまず所得税を出し、プラス課税所得×10％の住民税を足せば所得税＋住民税の合計額が出ます。

表7 所得税の税額速算表

課税される所得金額	税率	控除額
1,950,000 円以下	5%	0 円
1,950,000 円を超え　3,300,000 円以下	10%	97,500 円
3,300,000 円を超え　6,950,000 円以下	20%	427,500 円
6,950,000 円を超え　9,000,000 円以下	23%	636,000 円
9,000,000 円を超え　18,000,000 円以下	33%	1,536,000 円
18,000,000 円を超え　40,000,000 円以下	40%	2,796,000 円
40,000,000 円超	45%	4,796,000 円

例えば課税所得700万円の人は、695万円超900万円以下の欄により、700万円×23％－63万6000円＝97万4000円が所得税となり、プラス住民税が700万円×10％＝70万円、合計で167万4000円の税額となります。なお23ページの注1、2、3も参照ください。

Aさんは国民健康保険料および介護保険料を合わせて満額の97万円を支払っていました。また国民年金保険料を夫婦合わせて年間40万円支払っていました。これらの社会保険料を合計すると約133万円になります。これに上記で計算した税金の167万円を足すと約300万円の支出になりました。たしかに大きな金額ですね。

さて、この経営体を法人化して、所得の1000万円を夫婦それぞれ500万円の給与収入にしました（＊役員報酬は、給与所得区分の給与収入です）。

すると法人所得は0円ですから、法人税も0円です。住民税の基本割りが約8万円です。

そして夫婦それぞれの給与所得は、給与収入から給与所得控除額を差し引いた346万円になります（表8）。

Aさん夫婦それぞれの給与収入が500万円ですから、給与所得は表8の360万円超660万円以下の欄により、

　給与収入　　　　給与所得控除額　　　給与所得
　500万円－（500万円×20％＋54万円）＝ 346万円

夫の課税所得は下記のとおり84万円ですから、税金は住民税合わせて約12万6000円になります（以下の計算式参照）です。

表8 給与所得の計算（給与所得控除額の計算）

| 給与所得＝給与等の収入金額－給与所得控除額 |||

●給与所得控除額の速算表

給与等の収入金額	給与所得控除額
（給与所得の源泉徴収票の支払金額）	
1,800,000 円以下	収入金額× 40％ 650,000 円に満たない場合には 650,000 円
1,800,000 円超　3,600,000 円以下	収入金額× 30％＋　180,000 円
3,600,000 円超　6,600,000 円以下	収入金額× 20％＋　540,000 円
6,600,000 円超　10,000,000 円以下	収入金額× 10％＋ 1,200,000 円
10,000,000 円超	2,200,000 円（上限）

　　夫の給与所得　　　　所得控除額（配偶者控除分が減額）　　夫の課税所得額
　　346 万円－（所得控除 300 万円－配偶者控除減額分 38 万円）＝84 万円
　夫の所得税は表7により 84 万円× 5％＋住民税は 84 万円× 10％＝計 12 万 6000 円。

　妻の課税所得は下記計算式により 308 万円ですから、税金は下記のとおり所得税、住民税合わせて約 51 万 8500 円です。

　　　給与所得　　　　所得控除額　　　妻の課税所得額
　　346 万円－　（基礎控除額 38 万円）＝　　308 万円
　妻の所得税は同じく表7により 308 万円× 10％－ 97500 円＝ 21 万 500 円。
　同上妻の住民税は 308 万円× 10％＝ 30 万 8000 円、妻計 51 万 8500 円。
　夫と妻の税金を合わせると 64 万 4500 円です。
　この金額に法人住民税の基本割約 8 万円を加えると約 73 万円になります。
　法人化前の税金額 167 万円に比べると約 94 万円のお得になっています。
　これが法人化したときの節税効果です。
　ただし、この事例では、法人化前の所得を全額事業主の所得としていましたので、実際の事例では配偶者も専従者給与を計上していますので、節税効果はもう少し小さくなります。
　それでは社会保険料はどうなっているかを見ていきましょう。
　法人化すると社会保険の強制適用事業所になりますから、医療保険と介護保険は協会けんぽ、年金保険は厚生年金に加入することになり、掛け金を支払う

ことになります。

　掛金は給与収入（役員報酬も給与収入）に厚生年金の掛け率と、協会けんぽの掛け率を乗じて算出します。

　厚生年金の掛け率が18.3％、協会けんぽと介護保険の掛け率が全国平均11.57％ですから合計すると約30％の掛け率になります。

　Aさん夫婦の給与収入は2人合わせて1000万円ですから、約300万円の社会保険料の支出が増えるということになります。

　この300万円の掛金のうちその半分である150万円は法定福利費として法人が支払いますが、実態としてはAさん夫婦の同じ財布から出ていくことになります。

　個人経営のときの社会保険料の合計額が133万円でしたから、差引167万円の支出増になっています。結局法人化したために税金面では94万円支出が減りましたが、社会保険料では167万円支出が増えたため、トータルで法人化により73万円の支出が増えることになってしまいました。法人化によって、かえって支出は増えました。節税だけにとらわれてはいけないということですね。

　次に、あまり所得がない、例えば個人経営（労力は夫婦2人（どちらも40歳以上60歳未満））で500万円の所得（事業主所得300万円、配偶者専従者給与200万円）の場合はどうなるのでしょうか。

　事業主の所得が300万円、所得控除額180万円の場合、課税所得は120万円になり、そこから算出される税額は所得税では課税所得120万円×5％＝6万円、住民税では課税所得120万円×10％＝12万円となり、所得税と住民税合わせて計18万円になります（表7参照）。

　配偶者の専従者給与が200万円のとき給与所得控除額は表8のとおり78万円のため給与所得は200万円－78万円＝122万円になります。基礎控除額は38万円なのでそれを控除した課税所得額は84万円になります。この課税所得額84万円に対する課税額は、課税所得84万円に実効税率15％（所得税率5％＋住民税率10％）を乗ずると12万6000円になります。事業主の課税額が18万円でしたから夫婦合わせて30万6000円の課税額になります。

　この経営体で国民健康保険料の場合、所得割15％、均等割り1人2万円、平等割1世帯3万円とすると、

・所得割

事業主　事業所得300万円－基礎控除額33万円＝基準所得額267万円
配偶者　給与所得122万円－基礎控除額33万円＝基準所得額89万円
（事業主分267万円＋配偶者分89万円）×15％＝所得割額53万4000円
- 均等割

2万円×2人（夫婦2人）＝4万円
- 平等割（世帯割）　3万円

合計60万4000円となりました。

60万4000円の国民健康保険料とさらに介護保険料を納めなければなりません。また、夫婦2人合わせて国民年金保険料が年間約40万円ですから、合計約100万円の社会保険料ということになります。これに課税額31万円を加えると、約131万円の支出となります。

それでは、この経営体を少し手を加えた形で法人にするとどうなるのでしょうか。

この場合、最も大切なことは、儲けを給与としてどう配分するかです。

税金面からだけ考慮すると、給与の額を夫婦同額とするのが最も得になります。

しかし、この事例では60歳未満の配偶者がいるという前提があります。この配偶者の給与の額によっては、配偶者は国民年金第3号被保険者として国民年金を掛けなくても加入したことにしてくれるという制度があります。つまり、事業主の配偶者を事業主の厚生年金保険の被扶養者にするということになります。

また同じ給与の額によっても協会けんぽという健康保険に加入しなくても扶養に入ることができるのです。その給与の金額は年間130万円未満ということになっています。これらの制度を活用しないわけにはいきません。

ここはわかりやすく月額10万円の給与で年間120万円ということにしましょう。

すると、事業主の報酬（給与所得）の額は380万円ということになります。

個人の農業経営体　⇒　法人化して

事業主：事業所得　400万円　⇒　給与収入380万円にする

配偶者：専従者給与100万円　⇒　給与収入120万円にする（130万円未満にする）

給与収入380万円は給与所得で250万円になります。

給与収入120万円は給与所得で55万円になります。

この場合、配偶者は、事業主役員の厚生年金の被扶養者（扶養される人）になり、かつ健康保険（この場合は協会けんぽ）の被扶養者として配偶者自身が国民年金や医療保険に入る必要はありません。この場合の社会健康保険料を計算してみましょう（以下、計算式をいちいち表示しませんので、47～49ページの表6、7、8を見ながらご自分で計算してみてください）。

　配偶者の給与収入は120万円ですから、給与所得控除額は65万円、したがって給与所得は55万円になります。この金額から基礎控除額38万円を控除すると課税所得は17万円になり、ここから算出される課税額は住民税も含めて2万5500円になります（課税所得17万円×実効税率15％＝課税額2万5500円）。

　所得控除額180万円に配偶者特別控除額38万円＊を加えると218万円になります。したがって課税所得は、事業主の給与所得250万円（給与収入380万円の場合）から所得控除額218万円を控除した32万円になります。この課税所得32万円から算出される課税額は4万8000円になります。

　事業主の給与所得250万円－（法人成前の所得控除額180万円＋配偶者特別控除額38万円）＝課税所得32万円

　課税所得32万円×15％＝課税額4万8000円

　したがって、夫婦合わせての課税額は7万3500円になります（以上、表5、6、7参照）。この金額に法人住民税均等割額約8万円を加えると、15万3500円になります。

　個人経営のときの課金額が夫婦合わせて30万6000円でしたから、約15万円の節税になりました。

　また、社会保険料（協会けんぽ、介護保険、厚生年金）は、事業主の給与分380万円だけですから（配偶者の分は必要ない）、この金額に30％を乗じると約114万円になります。

　当初の社会保険料の金額が約100万円でしたから、約14万円の支出増になりました。節税額約15万円と相殺すると、約1万円の支出減につながりました。しかも厚生年金という手厚い年金保険で将来も楽しみという特典付きで。

　しかし、法人化をするとちゃんと経理をしなければならず、法人税申告の時に税理士さんに頼んだり、それなりに事務負担は増します。それでも、それをちゃんとすることによりコスト計算が確かになったり、将来の姿が見えてきま

す。つまりそれなりの覚悟が必要かと思います。

このように、法人化するときに損か得かは実際に計算して見なければわからないことが多く、会話をしながら先に進むことが大切です。

表9　配偶者控除および配偶者特別控除の控除額

		給与所得者の合計所得金額 （給与所得だけの場合の給与所得者の給与等）			【参考】 配偶者の収入が給与所得だけの場合の配偶者の給与等の収入金額
		9,000,000 円以下 (11,200,000 円以下)	9,000,000 円超 9,500,000 円以下 (11,200,000 円超 11,700,000 円以下)	9,500,000 円超 10,000,000 円以下 (11,700,000 円超 12,200,000 円以下)	
配偶者控除	配偶者の合計所得金額 380,000 円以下	380,000 円	260,000 円	130,000 円	1,030,000 円以下
	老人控除対象配偶者	480,000 円	320,000 円	160,000 円	
配偶者特別控除	合計所得金額 380,000 円超 850,000 円以下	380,000 円	260,000 円	130,000 円	1,030,000 円超 1,500,000 円以下
	850,000 円超 900,000 円以下	360,000 円	240,000 円	120,000 円	1,500,000 円超 1,550,000 円以下
	900,000 円超 950,000 円以下	310,000 円	210,000 円	110,000 円	1,550,000 円超 1,600,000 円以下
	950,000 円超 1,000,000 円以下	260,000 円	180,000 円	90,000 円	1,600,000 円超 1,667,999 円以下
	1,000,000 円超 1,050,000 円以下	210,000 円	140,000 円	70,000 円	1,667,999 円超 1,751,999 円以下
	1,050,000 円超 1,100,000 円以下	160,000 円	110,000 円	60,000 円	1,751,999 円超 1,831,999 円以下
	1,100,000 円超 1,150,000 円以下	110,000 円	80,000 円	40,000 円	1,831,999 円超 1,903,999 円以下
	1,150,000 円超 1,200,000 円以下	60,000 円	40,000 円	20,000 円	1,903,999 円超 1,971,999 円以下
	1,200,000 円超 1,230,000 円以下	30,000 円	20,000 円	10,000 円	1,971,999 円超 2,015,999 円以下
	1,230,000 円超	0 円	0 円	0 円	2,015,999 円超

＊給与所得者の合計所得金額が1000万円を超える場合には、配偶者控除および配偶者特別控除の適用を受けることができません。

＊平成30年分より配偶者の給与収入103万円までは所得控除として配偶者控除38万円、給与収入150万円までは配偶者特別控除38万円が計上できます。したがって、事例にある配偶者の給与120万円の場合では、事業主の確定申告書の所得控除欄で配偶者特別控除額38万円を計上することになります。

個人経営の場合は、1円でも専従者給与を支払うと扶養控除や配偶者控除の対象になることはできませんが、法人になると給与の額に応じて扶養控除や配偶者控除（配偶者特別控除）の対象となることができます。

CHAPTER 1 　公的年金制度

　公的年金保険には、被保険者の老後の生活を保障する「老齢給付」、被保険者の心身に障害が残った場合に支給される「障害給付」、そして被保険者が死亡した際に遺族に支給される「遺族給付」の3つの給付があります。それぞれ1階部分として「基礎年金」、2階部分として「厚生年金」が支給されます。

1　年金保険のしくみ

(1) 年金保険の加入者（年金被保険者）
　年金保険の加入者は、年金被保険者とよばれます。
- 国民年金は、農家など自営業者・学生・フリーター・専業主婦（ただし次ページ表10の第3号被保険者を除く）等が加入する保険です。
- 厚生年金保険は、会社員および公務員等が加入する保険です。兼業農家で厚生年金適用事業所に勤めて、その事業所の従業員の平均労働時間および日数の4分の3以上働いて給与をもらっている人も厚生年金に加入することになります。

(2) 国民年金、厚生年金のしくみ
　日本の年金制度では、国民年金からは、すべての国民に共通する基礎年金が支給され、厚生年金など被用者年金からは、基礎年金に上乗せする報酬比例の年金が支給される、という、2階建ての年金給付の仕組みをとっています（図6）。

　なお、国民年金の上乗せ年金として

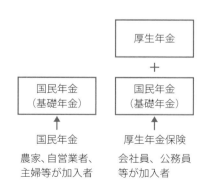

図6　国民年金、厚生年金のしくみ

の「国民年金基金」については 169 ページからの第 8 章をごらんください。

(3) 年金の加入と保険料徴収方法

これを国民年金保険料の徴収方法も含めた仕組みで説明すると、表 10 のようになります。

表 10　被保険者の種類と保険料の支払い形態

種別	どんな人？	年金保険料の支払い義務
第 1 号被保険者	農業や自営業者、学生などの人	国民年金保険料は月額 16,340 円（平成 30 年度）です。口座振り込みや納付書を使って納付します。
第 2 号被保険者	会社員や公務員など厚生年金保険に加入している人	給料から国民年金保険料も含めて厚生年金保険料として控除され納付していますので、国民年金保険料は個別に納める必要はありません。
第 3 号被保険者	会社員や公務員などの人に扶養されている配偶者	もう一方の配偶者が加入している年金制度全体で負担しているので、自分で納める必要はありません。

2　年金保険料

年金保険料は、国民年金保険料と厚生年金保険料があります。

(1) 国民年金保険料

国民年金の保険料は月額 1 万 6340 円（平成 30 年度）です。

(2) 厚生年金保険料

厚生年金保険の保険料は、毎月の給与（標準報酬月額）と賞与（標準賞与額）に共通の保険料率をかけて計算され、事業主と被保険者とが半分ずつ負担します。

ただし、厚生年金の保険料は最高額が決められており、給与が高くてもそれ以上支払う必要はありません。具体的には厚生年金保険料の計算ベースになる「標準報酬月額」は最高額が 62 万円と定められています。月収が 62 万円の人も 200 万円の人も標準報酬月額は 62 万円として計算されます。また、賞与については 1 か月分で 150 万円までが厚生年金保険料の対象とされています。

表11 厚生年金保険料率：18.3%（平成29年9月分以降）
● 平成29年9月分（10月納付分）からの厚生年金保険料額表　　　　（単位：円）

標準報酬		報酬月額	全額	折半額
等級	月額		18.300%	9.150%
1	88,000	円以上　円未満　～ 93,000	16,104	8,052
2	98,000	93,000 ～ 101,000	17,934	8,967
3	104,000	101,000 ～ 107,000	19,032	9,516
4	110,000	107,000 ～ 114,000	20,130	10,065
5	118,000	114,000 ～ 122,000	21,594	10,797
6	126,000	122,000 ～ 130,000	23,058	11,529
7	134,000	130,000 ～ 138,000	24,522	12,261
8	142,000	138,000 ～ 146,000	25,986	12,993
9	150,000	146,000 ～ 155,000	27,450	13,725
10	160,000	155,000 ～ 165,000	29,280	14,640
11	170,000	165,000 ～ 175,000	31,110	15,555
12	180,000	175,000 ～ 185,000	32,940	16,470
13	190,000	185,000 ～ 195,000	34,770	17,385
14	200,000	195,000 ～ 210,000	36,600	18,300
15	220,000	210,000 ～ 230,000	40,260	20,130
16	240,000	230,000 ～ 250,000	43,920	21,960
17	260,000	250,000 ～ 270,000	47,580	23,790
18	280,000	270,000 ～ 290,000	51,240	25,620
19	300,000	290,000 ～ 310,000	54,900	27,450
20	320,000	310,000 ～ 330,000	58,560	29,280
21	340,000	330,000 ～ 350,000	62,220	31,110
22	360,000	350,000 ～ 370,000	65,880	32,940
23	380,000	370,000 ～ 395,000	69,540	34,770
24	410,000	395,000 ～ 425,000	75,030	37,515
25	440,000	425,000 ～ 455,000	80,520	40,260
26	470,000	455,000 ～ 485,000	86,010	43,005
27	500,000	485,000 ～ 515,000	91,500	45,750
28	530,000	515,000 ～ 545,000	96,990	48,495
29	560,000	545,000 ～ 575,000	102,480	51,240
30	590,000	575,000 ～ 605,000	107,970	53,985
31	620,000	605,000 ～	113,460	56,730

厚生年金保険の保険料は、勤めている会社の事業主が給料やボーナスなどから天引きし、事業主が負担する保険料と合わせて日本年金機構に納めています。

(3) 厚生年金の保険料率

　厚生年金の保険料率は、年金制度改正に基づき平成16年から段階的に引き上げられてきましたが、平成29年9月を最後に引上げが終了し、以降の厚生年金保険料率は18.3％で固定されています（前ページ表11）。

　この厚生年金保険料率18.3％に子ども・子育て拠出金率（平成30年4月1日〜適用）……0.29％が上乗せされて徴収されます。

　＊子ども・子育て拠出金については事業主が全額負担することとなります。

●法人にするとほんとに得なのか？

　法人にすると節税になるという話をよく聞きます。しかし、序章の11でも述べたように、それは税金の総課税額が減額されるだけの話で、厚生年金や健康保険等社会保険料全体の金額を考慮すると1事業体からの持ち出し額は増える事例も少なくないので、実際に計算をして確かめることが大切です。

　例えば、国民年金の保険料は定額ですが、厚生年金の保険料は給与の額に比例して18.3％分増額していきます。労使折半といいますが、それは他所で働く場合であり、家族労働者を法人の従業員にした場合では、従業員の厚生年金保険料の半分を事業主が支払っても労働者が支払っても、それは同じ家の財布から出たものになります。つまり、従業員の給与に掛けられる18.3％の金額は、1事業体から全額出費したことになります。

　今回の子ども・子育て拠出金についてもそうですが、事業主が全額負担となっていますが、法人にするとこの負担分が増えるということも理解しておく必要があります。

3　年金からの給付

(1) 年金被保険者（年金加入者）が受ける給付

　年金加入者が受ける給付は、次の老齢給付、遺族給付、そして障害給付です。

①老齢給付

　老齢給付とは、年金被保険者が年をとってから受ける給付で、つぎのとおり

です。
- 国民年金からの給付は、老齢基礎年金による給付です。
- 厚生年金保険からの給付は、老齢厚生年金による給付です。

②遺族給付

遺族給付とは、年金被保険者の遺族が受ける給付で、つぎのとおりです。
- 国民年金からの給付は、遺族基礎年金による給付です。
- 厚生年金保険からの給付は、遺族厚生年金による給付です。

③障害給付

障害給付は、年金被保険者が一定の障害状態になったとき受ける給付で、つぎのとおりです。
- 国民年金からの給付は、障害基礎年金による給付です。
- 厚生年金保険からの給付は、障害厚生年金による給付です。

これらをまとめると、表12のようになります。

表12　国民年金と厚生年金の受給する年金の種類

	老齢年金	遺族年金	障害年金
国民年金	老齢基礎年金	遺族基礎年金	障害基礎年金
厚生年金保険	老齢厚生年金	遺族厚生年金	障害基礎年金

まず、これら年金保険の概略をつかみ、以下、さらに詳しく理解していきましょう。

(2) 厚生年金は基礎年金に上乗せです

厚生年金が適用されている事業所に勤める給与取得者等は、国民年金に上乗せする形で厚生年金にも入っており、2つの年金制度に加入していることになっています。

厚生年金から支給される年金は、加入期間とその間の収入の平均に応じて計算される報酬比例の年金となっていて、基礎年金に上乗せする形で支給されます。

4 老齢給付

(1) 国民年金（老齢基礎年金）による老齢給付内容

老齢基礎年金とは、国民年金加入者が65歳以降に受け取る年金給付のことをいいます。

①支給要件

これまでは、老齢年金を受け取るためには、保険料納付済期間（国民年金の保険料納付済期間や厚生年金保険、共済組合等の加入期間を含む）と国民年金の保険料免除期間などを合算した資格期間が原則として25年以上必要でした。

平成29年8月1日からは、資格期間が10年以上あれば老齢年金を受け取ることができるようになりました。

＊保険料納付済期間＝第1号被保険者期間
　　　　　　　　　＋第2号被保険者期間
　　　　　　　　　＋第3号被保険者期間

②年金額（平成30年4月〜）

平成30年4月以降の満額支給額は、77万9300円です。

加入期間による年金給付額の計算は、つぎのとおりです。

計算式はちょっと複雑になります。次ページ図7もごらん下さい。

65歳以上で受け取ることができる老齢基礎年金の額は、40年保険料を毎月16,340円／1か月（平成30年度）を掛け続けると、満額で77万9300円になります。

しかし所得が少なく生活が困窮するなどの理由で保険料免除（全額免除、一部免除）の場合は、下記の計算式で算出されることになります。

免除申請により保険料が全額免除された期間は8分の4納めたことにして計算されます。同じように保険料を4分の1納めた期間は8分の5、半分納めた期間は8分の6、そして4分の3納めた期間は8分の7納めたことにして老齢基礎年金の支給額が計算されるシステムとなっています（平成21年4月以降）。

ここで注意しておかなければならないことは、保険料の免除申請せずに保険料を支払わない期間は、本当の「未納」期間となるということです。そして「未

納」期間は老齢基礎年金の計算に組み入れられないということです。農業を志していると所得がなく国民年金保険料の支払いにも困るときがあります。そういった時には恥ずかしがらずに免除申請をして乗り切る勇気も必要です。でも実際は免除申請できることすら知らずに経過している事例も多くあるのが実態です。

図7　老齢基礎年金の保険料納付期間別受給額

③受給開始年齢

原則として65歳からです。

ただし、60歳から64歳までの間の希望する年齢から、減額された受給を開始する繰上げ受給や、70歳までの希望する年齢から、増額された受給を開始する繰り下げ受給を選択することができます。

(2) 老齢厚生年金による老齢給付内容

老齢厚生年金とは、厚生年金加入者が65歳から老齢基礎年金に上乗せして受ける年金です。

①受給要件：老齢厚生年金（65歳以上）

老齢基礎年金を受けるのに必要な資格期間を満たした方が65歳になったときに、老齢基礎年金に上乗せして老齢厚生年金を受給することができます。ただし、厚生年金保険の被保険者期間が1カ月以上あることが必要です。

②特別支給の老齢厚生年金（60歳以上65歳未満）

ただし、当分の間は、60歳以上65歳未満の人で、
 ⅰ　男性は昭和36年4月1日以前生まれの人
 ⅱ　女性は昭和41年4月1日以前生まれの人

ⅲ　老齢基礎年金を受けるのに必要な資格期間を満たしていること
　ⅳ　厚生年金の被保険者期間が1年以上あること
により受給資格を満たしている方には、65歳になるまで、特別支給の老齢厚生年金が支給されます。

③支給開始年齢
原則として65歳です。

表13　老齢厚生年金の受給要件

特別支給の老齢厚生年金	老齢厚生年金
①支給開始年齢に達していること（60歳～64歳）	①65歳以上であること
②厚生年金保険の被保険者期間を、1年以上有すること ＊旧共済年金期間通算します。	②厚生年金被保険者期間（1カ月以上）を有すること
③受給資格期間を満たしていること 保険料納付済期間＋保険料免除期間（＋合算対象期間）>＝10年	

　現在、65歳未満の老齢厚生年金は、特別支給の老齢厚生年金と呼ばれ現実に支給されていますが、昭和16年（女性は昭和21年）4月2日以後に生まれた方からは、60歳から65歳になるまでの間、生年月日に応じて、次ページ表14のように支給開始年齢が引き上げられます。
　＊旧共済年金では、男女とも同じ支給開始年齢で、この表の男の開始年齢と同じで、それをそのまま引き継いでいます。

(3) 老齢厚生年金は、いくらもらえるのですか？
● 60歳～64歳までの老齢厚生年金（特別支給の老齢厚生年金）
　60歳～64歳までの老齢厚生年金は、特別支給の老齢厚生年金といい、次ページ図8の式により計算します。
　＊女性で昭和27年4月2日～昭和29年4月1日生まれの人は、64歳の時に定額部分が加算されます。昭和29年4月2日生まれ以降の人は定額部分がありません。
　＊配偶者や子どもがいる人には加給年金額が加算されます。ただし、定額部分が支給されている場合だけです。したがって、女性で昭和27年4月2日～昭和29

表14　特別支給の老齢厚生年金：支給開始年齢

特別支給の老齢厚生年金						生年月日		65歳以降の年金給付
60歳	61歳	62歳	63歳	64歳		男	女	
○	○	○	○	○	報酬	男：昭和22年4月2日～昭和24年4月1日	女：昭和27年4月2日～昭和29年4月1日	老齢厚生年金
				○	定額			老齢基礎年金
○	○	○	○	○	報酬	男：昭和24年4月2日～昭和28年4月1日	女：昭和29年4月2日～昭和33年4月1日	老齢厚生年金
					定額			老齢基礎年金
	○	○	○	○	報酬	男：昭和28年4月2日～昭和30年4月1日	女：昭和33年4月2日～昭和35年4月1日	老齢厚生年金
					定額			老齢基礎年金
		○	○	○	報酬	男：昭和30年4月2日～昭和32年4月1日	女：昭和35年4月2日～昭和37年4月1日	老齢厚生年金
					定額			老齢基礎年金
			○	○	報酬	男：昭和32年4月2日～昭和34年4月1日	女：昭和37年4月2日～昭和39年4月1日	老齢厚生年金
					定額			老齢基礎年金
				○	報酬	男：昭和34年4月2日～昭和36年4月1日	女：昭和39年4月2日～昭和41年4月1日	老齢厚生年金
					定額			老齢基礎年金
					報酬	男：昭和36年4月2日～	女：昭和41年4月2日～	老齢厚生年金
					定額			老齢基礎年金

```
┌──────────┐   ┌──────────┐   ┌──────────┐
│  （ア）　　│ ＋ │  （イ）　　│ ＋ │  （ウ）　　│
│ 報酬比例部分│   │ 老齢基礎年金│   │ 加給年金額 │
└──────────┘   └──────────┘   └──────────┘
```

図8　60歳～64歳までの老齢厚生年金（特別支給の老齢厚生年金）

年4月1日生まれの人は、64歳の時に定額部分が加算されたときに、配偶者や子どもがいる人には加給年金額が加算されます。

● **65歳以降の老齢厚生年金（本来の老齢厚生年金）**

65歳以降の老齢厚生年金は、報酬比例部分による計算方法で算出されます。これに加給年金支給に該当する場合は、加給年金が加算されることになります。

65歳以降の老齢厚生年金は、老齢基礎年金と加給年金と合わせて支給され

ます。

図 8-2　65 歳以降の老齢厚生年金（本来の老齢厚生年金）

①報酬比例部分

報酬比例部分の年金額は、図9の式によって算出した額となります。

$$\text{平均標準報酬月額} \times \frac{7.125}{1,000} \times \text{平成 15 年 3 月までの被保険者期間の月数}$$

$$+$$

$$\text{平均標準報酬額} \times \frac{5.481}{1,000} \times \text{平成 15 年 4 月以後の被保険者期間の月数}$$

図 9　老齢厚生年金の報酬比例部分の年金額（本来水準）

＊平均標準報酬月額とは、平成 15 年 3 月までの被保険者期間の各月の標準報酬月額の総額を、平成 15 年 3 月までの被保険者期間の月数で除して得た額です。
＊平均標準報酬額とは、平成 15 年 4 月以後の被保険者期間の各月の標準報酬月額と標準賞与額の総額を、平成 15 年 4 月以後の被保険者期間の月数で

除して得た額です。

　これらの計算にあたり、過去の標準報酬月額と標準賞与額には、最近の賃金水準や物価水準で再評価するために「再評価率」を乗じます。

②定額部分（60 歳から 64 歳までの特別支給の老齢厚生年金）

定額部分の計算式は次のとおりです。

図 10　老齢厚生年金の定額部分の年金額

③加給年金額

加給年金は、厚生年金保険から支給される、いわば年金版の扶養手当です。

厚生年金保険の被保険者期間が 20 年（中高齢の期間短縮の特例の適用者は 15 〜 19 年）以上ある方が、65 歳到達時点（または定額部分支給開始年齢に到達した時点）で、その方に生計を維持されている下記の配偶者または子がいるときに加算されます。

65 歳到達後（または定額部分支給開始年齢に到達した後）、被保険者期間が 20 年（中高齢の期間短縮の特例の適用者は 15 〜 19 年）以上となった場合は、退職改定時に生計を維持されている表 15 の配偶者または子がいるときに加算されます。

加給年金額加算のためには、届出が必要です。

表 15　加給年金額

対象者	加給年金額	年齢制限
配偶者	224,300 円	65 歳未満であること。および年収が 8,500,000 円未満、または所得が 6,555,000 円未満であること。
1 人目・2 人目の子	各 224,300 円	18 歳到達年度の末日までの間の子または 1 級・2 級の障害の状態にある 20 歳未満の子。
3 人目以降の子	各 74,800 円	

＊平成 23 年 3 月 23 日に厚生労働省から出された「生計維持関係等の認定基および認定の取り扱いについて」という通達（年発 0323 第 1 号）に年収についての上限金額が書かれています。具体的には、「年収が 850 万円未満または所得が 655.5 万円未満」と書かれています。したがって、給与収入だけの人の年収が 850 万円（給与所得 645 万円）の場合、収入基準では駄目ですが、所得基準で OK なので、この場合、配偶者は加給年金がもらえることになります。

④振替加算

夫（妻）が受けている老齢厚生年金や障害厚生年金に加算されている加給年金額の対象者になっている妻（夫）が 65 歳になると、それまで夫（妻）に支給されていた加給年金額が打ち切られます。このとき妻（夫）が老齢基礎年金を受けられる場合には、一定の基準により妻（夫）自身の老齢基礎年金の額に加算されます。これを振替加算といいます（次ページ図 11 参照）。

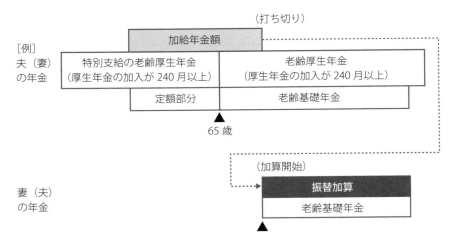

図11 加給年金、振替加算の仕組み

　ちなみに、上記の妻と夫が逆の場合でも同様になります。農業が長い夫と、会社勤めが長い妻の組み合わせでは、夫に振替加算がつくことになります。
　それでは妻（夫）が年上の場合にはどうなる　⇒　大丈夫それもOKです。
　妻（夫）が65歳から加算開始ということを書きましたが、妻（夫）が年上の場合はどうなるのでしょう。夫（妻）の加給年金は、妻（夫）が65歳までですから、夫（妻）に加給年金はつきません。では、妻（夫）に振替加算もつかないのでしょうか。そうではありません。夫（妻）が65歳になったら、妻（夫）に振替加算がつくのです。
　でも書類は出さなきゃ駄目ですよ。
　妻（夫）が（たとえ1カ月でも）年上の場合は、自動的に振替加算はつかないので、振替加算の条件を満たしている場合には、「国民年金　老齢基礎年金加算開始事由該当届（様式222号）」に次の書類を添えて、年金事務所に提出しましょう。これで、振替加算が加算された年金を受け取ることができます。
- 戸籍謄本
- 世帯全員の住民票
- 妻自身の所得証明書

● 65歳以降の老齢厚生年金（本来の老齢厚生年金）

65歳以降の老齢厚生年金は、報酬比例部分による計算方法で算出されます。これに加給年金支給に該当する場合は、加給年金が加算されることになります。

5　在職老齢年金

老齢厚生年金受給資格のある人が、厚生年金保険の適用事業所で、厚生年金保険料を掛けながら（70歳以上は厚生年金保険料を掛けずに）働くときに、老齢厚生年金の一部または全額が支給停止となる場合があります。これを在職老齢年金といいます（老齢基礎年金は、1円も減額されません）。

誰しも働けば働くほどもらえる年金が減らされるのは嫌ですよね。

農家も農業法人も雇用が増えてきた昨今、定年後の高齢者を雇う事例も増えています。

中には優秀な人材も多く、もう少し時間を長く働いてほしいと思う経営者も少なくありません。そして、その働く時間を制限している要因が、この在職老齢年金です。

この問題を解決するためには、在職老齢年金の内容をよく知らなければなりません。

最初の文言の中にはキーワードが2つあります。1つは「厚生年金保険の適用事業所で働く」という文言と、もう1つは「厚生年金保険料を掛けながら（70歳以上は厚生年金保険料を掛けずに）働く」という文言です。

●加工グループ員、農家、農家の配偶者、集落営農組合員、農業法人の従業員の心配ごと

農村および農業を支える年代は、年々高齢化が進み、年金を受給しながら加工グループで収入を得たり、オペレーターや集落営農組合員として時給を得たりという機会が増えています。こういった人たちの多くは、公的年金を受給しながら働いているわけですが、共通した悩みがあります。

それは、「働いて収入が増えると、現在受給している年金が減額されないか」ということです。そういったことの多くは、取り越し苦労的なものであり、まったく心配することもない例がほとんどです。

しかし、現実は心配するあまりに働き方に制限を加えたり、雇用主の決算書にウソの労賃を書かせたりして、まわりに迷惑をかけている例もしばしば目にします。
　そこで、働きながら年金を受給することの内容をしっかりと認識し、のびのびと農村で働いていただくことを目的に、この項を説明します。

(1) 厚生年金保険の適用事業所で働く
　──減額される事例と減額されない事例

　キーワードは「厚生年金保険の適用事業所で働くかどうか」です。「厚生年金保険の適用事業所」で働かなければ、老齢厚生年金は減額されません。逆に言えば「厚生年金保険の適用事業所」で働くと減額の対象になります。
　減額される事例と減額されない事例を挙げていきます。
　老齢厚生年金を受給しながら、
- 農業で所得をあげた　⇒　年金は減額されません。
- 他の事業で所得をあげた　⇒　年金は減額されません。
- 個人農業者のところで働き、毎月給与を得た　⇒　年金は減額されません（個人事業体での農業は、厚生年金の任意適用事業所です）。
- 法人（適用事業所）で正社員並みに働き、給与を得た⇒　年金は減額の対象です。
- 法人（適用事業所として登録していない）で正社員並みに働き、給与を得た。　⇒　年金に関する法律に違反しています。見つかれば、年金は減額調整の対象になります。また、遡って追徴されるおそれもあります。
- 農事組合法人（確定給与型）で正社員並みに働き、給与を得た　⇒　年金は減額調整の対象です。
- 農事組合法人（従事分量配当型）で働き、たくさん配当（農業所得）を得た。　⇒　年金は減額されません。
- 集落営農組織（民法上の任意組合）で働き、たくさん配当（農業所得）を得た。　⇒　年金は減額されません。
- 常時5人以上の従業員を使用している集落営農組織（人格なき社団）で、1週間の所定労働時間と1か月の所定労働日数が、一般社員の4分の3以上の仕事を常用的にして給料を得ている。　⇒　年金は減額調整の対象です。

ただし、法人でない集落営農組織で常時5人以上の従業員を使用している事例は見たことはありません。したがって、法人でない集落営農組織で働く限りいくら賃金をもらっても年金が減額されることはないでしょう。

なお、法人でない任意の組織である集落営農組織には、権利能力なき社団（税法上では人格なき社団としています）＊と民法上の任意の組合があります。

> ＊権利能力なき社団とは、「①団体としての組織をそなえ、②そこには多数決の原則が行なわれ、③構成員の変更にもかかわらず団体そのものが存続し、④しかしてその組織によって代表の方法、総会の運営、財産の管理その他団体としての主要な点が確定しているもの」を指す（最判昭 39.10.15）。

民法上の任意の組合は、各経営体個々の利益（所得）を目的とした共同事業体であります。そこには組合員に対しての時給や給与は存在せず、最終利益の分配が目標になります。給与が存在しないということは、適用事業所にもなれないということになります。

それに対して権利能力なき社団（税法上での人格なき社団）は、下記箱枠の定義のとおり組織体としての体をなしており、そこで働く構成員に対しては時給や給与が存在します。

また、権利能力なき社団で常時5人以上の従業員を使用している場合は、強制適用事業所になりますが、5人未満の場合は任意適用事業所になります。

「常時使用される」とは、雇用契約書の有無などとは関係なく、適用事業所で働き、労務の対償として給与や賃金を受けるという使用関係が常用的であることをいいます。

一般社員は当然「常時使用」にあたり、パートやアルバイト等であれば、1週間の所定労働時間と1か月の所定労働日数が一般社員の4分の3以上であれば「常用使用」となります。

厚生年金保険の適用事業所に関しては、これぐらいの事例で十分だと思います。

(2) 厚生年金保険料を掛けながら（70歳以上は厚生年金を掛けずに）働く

もう一つは「厚生年金保険料を掛けながら（70歳以上は厚生年金保険料を掛けずに）働く」という文言ですが、これは、厚生年金保険加入に該当する働き方のことをいいます。

具体的には厚生年金保険の適用事業所で、
①常時雇用されている、
②アルバイトやパートであっても、一般社員の勤務時間および労働日数の4分の3以上働いている人の働き方は、厚生年金保険加入に該当する働き方になります。

したがって、次のような働き方の人は、厚生年金保険の適用事業所で働いても、厚生年金保険に加入する義務はありませんから、老齢厚生年金が減額されることはありません。

- 日雇いの場合
- 雇用契約が2カ月以内の場合
- 季節的事業（4カ月以内）または臨時事業所（6カ月以内）で働く場合
- 事業所の所在地が一定でない場合

(3) 老齢基礎年金は、減額されません

よく誤解があるのですが、老齢基礎年金部分は1円も減額されないことを理解しなければなりません。たとえ、厚生年金保険の適用事業所で正社員として働き、月給をいくらたくさんもらっても、老齢基礎年金（国民年金）は1円も減額されません。減額調整対象となるのは、老齢厚生年金部分だけです。

ですから、老齢厚生年金をどれだけ減額されても国民年金部分だけは残ります（図12参照）。

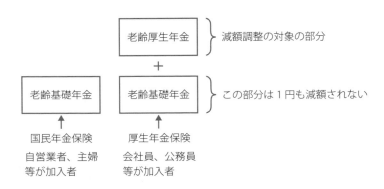

図12　65歳以上の老齢基礎年金と老齢厚生年金の受給内容

6　農業と厚生年金との関係

(1) 農業を営む個人事業体は、厚生年金の「任意適用」事業所です

　農業を営む個人事業体は、たとえ常時従業員が100人いても厚生年金保険に加入する義務はありません。義務はありませんが、従業員の半数以上が厚生年金保険等の適用事業所となることに同意し、事業主が申請（任意適用申請書等を添付の上、新規適用届の提出）して厚生労働大臣の認可を受けた場合、適用事業所と同じ扱いになります。つまり任意適用事業所として加入することはできます。

(2) 法人成りしたときには、厚生年金の強制適用事務所になります

　いくら農業とはいえ、法人成りすると強制適用事業所になり、下記の事例のうち厚生年金加入条件を満たす人は、厚生年金に加入しなければなりません。

①厚生年金保険に加入しなければならない人

　厚生年金保険に加入している事業所で雇用されている人のうち、以下の条件に当てはまる人については加入義務が発生します。
- 常時雇用されている
- 70歳未満である

　ただし、70歳以上であっても、加入期間の問題で年金が支給されない人については、不足分を補う目的で加入することができます。また外国人労働者であっても、上記に当てはまる人は厚生年金保険料を支払う必要があります。

②アルバイトやパートの場合の加入条件

　アルバイトやパートであっても、1週の所定労働時間および1カ月の所定労働日数が常時雇用者の4分の3以上の人は、厚生年金保険への加入義務が発生します（平成28年10月1日以降の取り扱い＊被保険者資格取得の経過措置有り）。

③常時501人以上の企業に勤めていて、下記の要件を満たす人

　また、上記②の条件を満たしていない場合でも、以下条件にすべて当てはまる場合は、加入条件を満たした従業員とみなされます。

- 週の所定労働時間が20時間以上あること
- 雇用期間が1年以上見込まれること
- 賃金の月額が8.8万円以上であること
- 学生でないこと

　法人成りした農業経営体で、③の常時501人以上の企業に該当する事例は今のところありませんが、年々条件が厳しくなることを考えると、将来この条件が課せられることが求められてくるのかもしれません。

(3) 厚生年金保険の加入条件に該当しない人

　強制適用事業所で働いていても、以下条件に当てはまる場合は厚生年金保険への加入義務はありません。
- 日雇いの場合
- 雇用契約が2カ月以内の場合
- 季節的事業（4カ月以内）または臨時事業所（6カ月以内）で働く場合
- 事業所の所在地が一定でない場合

7　在職老齢年金の支給停止

(1) 60歳から64歳までの在職老齢年金のしくみ

　65歳未満で在職し厚生年金の被保険者となっている場合、標準報酬相当額に応じて年金額が支給停止となる場合があります。計算式は表16のとおりです。
- 基本月額は、加給年金額を除いた老齢厚生年金の月額
- 総報酬月額相当額は、（その月の標準報酬月額）＋（直近1年間の標準賞与額の合計額）÷12

(2) 65歳以降の在職老齢年金のしくみ

　65歳以上70歳未満の方が厚生年金保険の被保険者であるときに、65歳から支給される老齢厚生年金は、総報酬月額相当額に応じて在職中による支給停止がおこなわれます。

　なお、平成19年4月以降に70歳に達した方が、70歳以降も厚生年金適用事業所に勤務されている場合は、厚生年金保険の被保険者ではありません

表16　65歳未満の在職老齢年金の減額の有無

基本月額と総報酬月額相当額	計算方法（在職老齢年金制度による調整後の年金支給月額＝）
基本月額と総報酬月額相当額の合計額が280,000円以下の場合	全額支給
総報酬月額相当額が460,000円以下で基本月額が280,000円以下の場合	基本月額－（総報酬月額相当額＋基本月額－280,000円）÷2
総報酬月額相当額が460,000円以下で基本月額が280,000円超の場合	基本月額－総報酬月額相当額÷2
総報酬月額相当額が460,000円超で基本月額が280,000円以下の場合	基本月額－｛(460,000円＋基本月額-280,000円)÷2＋（総報酬月額相当額－460,000円）｝
総報酬月額相当額が460,000円超で基本月額が280,000円超の場合	基本月額－｛460,000円÷2＋（総報酬月額相当額－460,000円）｝

が、65歳以上の方と同様の在職中による支給停止が行われます。計算式は表17のとおりです。

表17　65歳以降の在職老齢年金の減額の有無

基本月額と総報酬月額相当額	計算方法（在職老齢年金制度による調整後の年金支給月額＝）
基本月額と総報酬月額相当額と合計が460,000円以下の場合	全額支給
基本月額と総報酬月額相当額との合計が460,000円を超える場合	基本月額－（基本月額＋総報酬月額相当額－460,000円）÷2

＊基本月額は、加給年金額を除いた老齢厚生年金（報酬比例部分）の月額
　総報酬月額相当額は、（その月の標準報酬月額）＋（直近1年間の標準賞与額の合計）÷12

　65歳以上の在職老齢年金計算における基本月額に、老齢基礎年金（国民年金部分）は含まれていません。したがって、老齢厚生年金部分だけの基本月額から計算しても、年金が減額されるようなことはほとんどありません。

8　遺族給付

在職中、あるいは老齢給付を受給している（できる）人が死亡すると、遺族に対して遺族給付が支払われます。なお、以下で記述している夫または妻は、妻

または夫と読み替えても構いません。

(1) 国民年金（遺族基礎年金）による遺族給付

遺族基礎年金は、次のいずれかに該当する者（配偶者または親）が死亡した場合、その死亡した者により生計維持されていた配偶者または子が受給することができます。

ただし、一定の要件を満たしていることが必要となります。

①受給要件
ⅰ　被保険者要件

被保険者または老齢基礎年金の受給資格期間が25年以上ある者が死亡したとき。

ⅱ　保険料納付要件

死亡した者の保険料を納めた期間と保険料を免除された期間の合計が全期間の3分の2以上あることが必要です。または、直近の1年間に保険料未納期間がなければ受給が可能です。

②遺族の範囲要件

遺族基礎年金を受給できる遺族は、死亡した者（配偶者または親）により死亡した当時、生計維持されていた次の遺族（配偶者・子）に限られています。

ⅰ　配偶者（子のある配偶者に限る）

配偶者が死亡した当時に、つぎのⅱのアまたはイに該当する子と生計を同一にしていた場合に限ります。

ⅱ　子（親が死亡した当時に、婚姻していなく死亡した親と生計維持関係にある場合に限ります）

a　18歳到達年度の末日までにある子

b　20歳未満で障害年金の障害等級1級または2級の子

③遺族基礎年金の年金額
ⅰ　子のある配偶者が受給する場合の年金額（次ページの表18）

子のある配偶者が受給する年金額は、基本額77万9300円に遺族の対象と

表 18　遺族基礎年金の年金額

区分	基本額	加算額	合計額
子が 1 人の配偶者	779,300 円	224,300 円	1,003,600 円
子が 2 人の配偶者	779,300 円	448,600 円	1,227,900 円
子が 3 人の配偶者	779,300 円	523,400 円	1,302,700 円

＊3 人目以降は 1 人につき 74,800 円が加算されます。

なる子の数に応じた加算額が加算されます。

加算額は 2 人目の子までは 1 人につき 22 万 4300 円、3 人目以降は 1 人につき 7 万 4800 円となっています。

ⅱ　子が受給する場合の年金額（表 19）

子が受給する年金額は、基本額 77 万 9300 円に、子が 2 人以上の場合について、2 人目の子は 22 万 4300 円、3 人目以降は 1 人につき 7 万 4800 円の加算額が加算された額を、受給権のある子の数で割った額が子 1 人当たりの年金額になります。

3 人目以降は 1 人につき 7 万 4800 円が加算されます。

表 19　子が受給する年金額

区分	基本額	加算額	合計額
子が 1 人のとき	779,300 円		779,300 円
子が 2 人のとき	779,300 円	224,300 円	1,003,600 円
子が 3 人のとき	779,300 円	299,100 円	1,078,400 円

（2）遺族厚生年金による遺族給付

遺族厚生年金は、被保険者または被保険者であった者が次のいずれかに該当する場合に、その者の死亡の当時、その死亡した者によって生計を維持されていたその者の遺族に支給されます。

①受給要件

ⅰ　被保険者が死亡したとき、または被保険者期間中の傷病がもとで初診の日から 5 年以内に死亡したとき。ただし、遺族基礎年金と同様、死亡した者

について、保険料納付済期間（保険料免除期間を含む）が国民年金加入期間の3分の2以上あることが必要です。

ただし2026年4月1日前の場合は死亡日に65歳未満であれば、死亡日の属する月の前々月までの1年間の保険料を納付しなければならない期間のうちに、保険料の滞納がなければ受けられます。

ⅱ　老齢厚生年金の受給資格期間が25年以上ある者が死亡したとき。

1級・2級の障害厚生年金を受けられる者が死亡したとき。

②遺族厚生年金を受けることができる遺族の範囲

遺族厚生年金を受けることのできる遺族の範囲は、被保険者または被保険者であった者の死亡の当時、その死亡した者によって生計を維持されていた次の者です。

- 妻
- 子、孫（18歳到達年度の年度末を経過していない者または20歳未満で障害年金の障害等級1、2級の者）
- 55歳以上の夫、父母、祖父母（支給開始は60歳から。ただし、夫は遺族基礎年金を受給中の場合に限り、遺族厚生年金も合わせて受給できます）。

　＊30歳未満の子のない妻は、5年間の有期給付となります。
　＊子のある配偶者、子（子とは18歳到達年度の年度末を経過していない者または20歳未満で障害年金の障害等級1、2級の障害者に限ります）は、遺族基礎年金も併せて受けられます。

（3）遺族厚生年金の額（平成30年4月分から）

遺族厚生年金の額は、原則として、老齢厚生年金の額（報酬比例の額）の計算の規定の例により計算した額の4分の3に相当する額が支給されます。

報酬比例部分の年金額は、図13の式によって算出した額となります。

（4）中高齢寡婦加算

①受給要件

遺族厚生年金（長期の遺族年金では、死亡した夫の被保険者期間が20年以上の場合（中高齢者の期間短縮の特例などによって20年未満の被保険者期間で老齢厚生年金の受給資格期間を満たした人はその期間））の加算給付の1つ

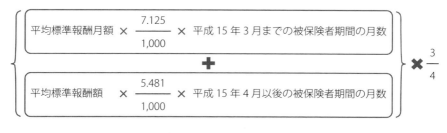

図13　報酬比例部分の年金額（本来水準）

です。

　遺族基礎年金は子どものいない妻には支給されませんし、子がいてもその子が18歳（18歳の誕生日の属する年度末まで）または20歳（1級・2級の障害の子）に達すれば支給されなくなりますが、夫が死亡したときに40歳以上で子のない妻（夫の死亡後40歳に達した当時、子がいた妻も含む）が受ける遺族厚生年金には、40歳から65歳になるまでの間、中高齢の寡婦加算（定額）が加算されます。妻が65歳になると自分の老齢基礎年金が受けられるため、中高齢の寡婦加算はなくなります。

　ⅰ　遺族厚生年金を受けることができる遺族が妻で、子がいない場合（子無妻）、夫の死亡当時40歳以上65歳未満であること（図14）。

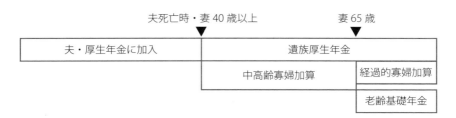

図14　子がいない場合の中高齢寡婦加算

　ⅱ　遺族厚生年金を受けることができる遺族が妻で、子がいる場合（子有妻）。

　夫の死亡当時40歳未満であっても、40歳になったときに18歳に到達する年度の末までの子または重い障害（1級または2級）にある20歳未満の子と生計を同じくしていること（次ページ図15）。

```
夫死亡時・妻40歳未満    妻40歳   子18歳到達         妻65歳
      ▼                ▼        ▼                ▼
┌──────────┬─────────────────────────────────┬──────────┐
│夫・厚生年金に加入│          遺族基礎年金            │          │
│          │                    ┌────────────┼──────────┤
│          │                    │中高齢寡婦加算│経過的寡婦加算│
│          ├────────────────────┴────────────┼──────────┤
│          │         遺族厚生年金              │老齢基礎年金│
└──────────┴─────────────────────────────────┴──────────┘
```

図15　子がいる場合の中高齢寡婦加算

②中高齢の寡婦加算の加算（支給）期間

子のない妻については40歳から、子のある妻については18歳に到達する年度の末日（障害者は20歳に達した日）を経過したときから、それぞれ65歳に達するまでの間加算されます。

③中高齢の寡婦加算の額

遺族基礎年金の額の4分の3が加算されます。
77万9300円×3／4＝58万4475円＝58万4500円（50円以上切り上げ）

（5）経過的寡婦加算

次のいずれかに該当する場合に遺族厚生年金に加算されます。
- 昭和31年4月1日以前生まれの妻に65歳以上で遺族厚生年金の受給権が発生したとき（上記2の支給要件に基づく場合は、死亡した夫の共済組合等の加入期間を除いた厚生年金の被保険者期間が20年以上（または40歳以降に15年以上）ある場合に限ります）
- 中高齢の加算がされていた昭和31年4月1日以前生まれの遺族厚生年金の受給権者である昭和31年4月1日以前生まれの妻が65歳に達したとき

経過的寡婦加算の額は、昭和61年4月1日から60歳に達するまで国民年金に加入した場合の老齢基礎年金の額と合わせると、中高齢の加算の額と同額になるよう決められています。

（6）遺族厚生年金受給の失権（支給期間）

［妻自身の失権事由］

①死亡したとき
②婚姻したとき（事実婚も含む）
③直系血族または直系姻族以外の者の養子になったとき（事実上の養子縁組関係を含む）
④離縁によって死亡した被保険者との親族関係が終了したとき
⑤30歳未満で遺族厚生年金のみ受給している妻（子がいない妻）が受給権発生から5年を経過したとき。

図16　遺族厚生年金受給の失権事由

（7）国民年金による独自の遺族給付

国民年金では、第1号被保険者に対する独自の給付が次のとおりあります。

①寡婦年金（夫を亡くした妻が60歳から65歳まで受給可能）

第1号被保険者として保険料を納めた期間（免除期間を含む）が10年以上ある夫が亡くなったときに、10年以上継続して婚姻関係にあり、生計を維持されていた妻に対して60歳から65歳になるまでの間支給されます。
・年金額は、夫の第1号被保険者期間だけで計算した老齢基礎年金額の4分の3。
・亡くなった夫が、障害基礎年金の受給権者であった場合、老齢基礎年金を受けたことがある場合は支給されません。
・妻が繰り上げ支給の老齢基礎年金を受けている場合は支給されません。

②死亡一時金（年金を受給することなく死亡した者の遺族に支給）

第1号被保険者として保険料を納めた月数（4分の3納付月数は4分の3月、半額納付月数は2分の1月、4分の1納付月数は4分の1月として計算）が36月以上ある方が、老齢基礎年金・障害基礎年金を受けないまま亡くなった

とき、その方によって生計を同じくしていた遺族（1　配偶者、2　子、3　父母、4　孫、5　祖父母、6　兄弟姉妹の中で優先順位の高い者）に支給されます。

- 死亡一時金の額は、保険料を納めた月数に応じて 12 万円～ 32 万円です。
- 付加保険料を納めた月数が 36 月以上ある場合は、8500 円が加算されます。
- 遺族が、遺族基礎年金の支給を受けられるときは支給されません。
- 寡婦年金を受けられる場合は、どちらか一方を選択します。
- 死亡一時金を受ける権利の時効は、死亡日の翌日から 2 年です。

9　障害給付

障害給付は、年金被保険者が一定の障害状態になったときに受ける給付です。

(1) 国民年金（障害基礎年金）による障害給付

障害基礎年金とは、心身に障害を受け、一定の受給要件を満たした人に給付される国民年金です。障害の程度により 1 級と 2 級があります。

国民年金に未加入であったり保険料の滞納などがあると給付されない場合があります。

障害基礎年金の受給権発生時に受給権者により生計維持されている 18 歳到達年度の末日までにある子（20 歳未満の現に婚姻をしていない障害のある子）がいる場合は、子の人数に応じた加算額が加算されます。

また国民年金に加入前、20 歳未満で障害を受け、その状態が続いている人にも給付されます。

①受給資格要件の原則

障害基礎年金を受給するためには、次の要件すべてに該当していることが必要です。

　ⅰ　国民年金に加入している間に、障害の原因となった病気やケガについて初めて医師または歯科医師の診療を受けた日（これを「初診日」といいます。）があること

　ⅱ　一定の障害の状態にあること

ⅲ 初診日の前日において、次のいずれかの要件を満たしていることが必要です。ただし、20歳前の年金制度に加入していない期間に初診日がある場合は、納付要件はありません。
 a 初診日のある月の前々月までの公的年金の加入期間の2/3以上の期間について、保険料が納付または免除されていること
 b 初診日において65歳未満であり、初診日のある月の前々月までの1年間に保険料の未納がないこと

②障害の程度
 障害基礎年金を支給するため基準として障害の程度（障害等級）が政令で定められています。

③障害基礎年金の年金額
 障害基礎年金の年金額は、障害の程度（等級）に応じた額となっています。
 また、障害基礎年金の受給権者に18歳到達年度の末日までにある子（障害のある子の場合は20歳未満）が受給権発生時にいる場合は、子の加算額が加算されます。
 ⅰ 障害基礎年金の年金額
 障害基礎年金の年金額は定額で、2級の障害基礎年金は満額の老齢基礎年金と同額で、1級の障害基礎年金の額は2級の障害基礎年金の1・25倍の額となります（表20）。

表20 障害基礎年金の年金額

障害等級	年金額（平成30年度）
2級の障害基礎年金	779,300円／年
1級の障害基礎年金	974,125円／年（779,300円×1.25＝974,125円）

 ⅱ 子に対する加算額
 障害基礎年金の受給権発生時に、受給権者により生計維持されている18歳到達年度の末日までにある子（20歳未満の、現に婚姻をしていない障害のある子）がいる場合は、子の人数に応じた加算額が加算されます（表21）。

表21　子がいる場合の障害基礎年金の加算額

対象者	加算される額（平成30年度）
1人目・2人目の子	1人につき 224,300円／年額
3人目以降の子	1人につき 74,800円／年額

(2) 厚生年金（障害厚生年金）による障害給付

　障害厚生年金の意義は、被保険者が病気やケガによる障害で労働能力を喪失し、または制限されたときに所得保障として給付をおこなうことです。

①受給資格要件の原則

　障害厚生年金を受給するためには、次の要件すべてに該当していることが必要です。
　ⅰ　厚生年金に加入している間に、障害の原因となった病気やケガについて初めて医師または歯科医師の診療を受けた日（これを「初診日」といいます）があること。
　ⅱ　一定の障害の状態にあること
　ⅲ　保険料納付要件
　初診日の前日において、次のいずれかの要件を満たしていること。
　a　初診日のある月の前々月までの公的年金の加入期間の2/3以上の期間について、保険料が納付または免除されていること。
　b　初診日において65歳未満であり、初診日のある月の前々月までの1年間に保険料の未納がないこと。

②障害認定日における障害の程度

　初診日から1年6カ月を経過した日（その間に治った場合は治った日）または20歳に達した日に障害の状態にあるか、または65歳に達する日の前日までの間に障害の状態となった場合。
　例えば、初めて医師の診療を受けた日から1年6カ月以内に、障害に該当する日があるときは、その日が「障害認定日」となります。
　なお、政令で定められている障害の程度を表すものとして、障害等級があり、重度のものから1級、2級および3級と定められています。

③障害の程度

障害厚生年金を支給するための基準として、障害の程度(障害等級)が政令で定められています。1級または2級の障害厚生年金の障害等級表については、障害基礎年金の国民年金法施行令別表の障害等級表と同一のものとなっていますが、厚生年金保険の独自給付である3級の障害厚生年金及び障害手当金の障害等級表については、厚生年金保険法施行令別表1・2に定められています。

④障害厚生年金の額

障害厚生年金の額は、障害の程度に応じて以下のように分かれていますが、障害の程度が1級または2級に該当する者は、国民年金の障害基礎年金を併せて受けることができます。ただし、3級に該当する者には障害基礎年金は支給されません。

また、障害厚生年金の1級または2級の年金を受けることができる者が、年金の受給権が発生した当時、その方によって生計を維持していた65歳未満の配偶者がいるときには、当該配偶者に係る加給年金額が加算されます。

[1級](報酬比例の年金額)×1.25+〔配偶者の加給年金額(22万4300円)〕

[2級](報酬比例の年金額)+〔配偶者の加給年金額(22万4300円)〕

[3級](報酬比例の年金額)　最低保障額　58万4500円

＊その方に生計を維持されている65歳未満の配偶者がいるときに加算されます。

⑤障害厚生年金の額の計算

報酬比例部分の年金額は、前述した老齢厚生年金と同じになります。

⑥加給年金額

1級または2級の障害厚生年金の受給権者がその権利を取得した当時、その者によって生計を維持していた65歳未満の配偶者があるときは、障害厚生年金の額に加給年金額(平成30年度:22万4300円)が加算されます。

ただし、子に係る加給年金額は、障害基礎年金に加算され障害厚生年金には加算されません。なお、加給年金額の対象者となるための要件、加算額などに

については、老齢厚生年金と同様となっています。

⑦障害厚生年金の支給期間
　障害認定日の属する月の翌月から死亡した月または障害の程度が3級よりも軽くなった（障害等級に該当する程度の状態でなくなった）月まで支給されます。

⑧障害手当金
　厚生年金に加入している間に初診日のある病気・けがが初診日から5年以内になおり、3級の障害よりやや程度の軽い障害が残ったときに支給される一時金です。障害手当金を受ける場合も、障害厚生年金の保険料納付要件を満たしている必要があります。

10　その他

(1) 平成27年10月から共済年金と厚生年金が一本化されました
　これまで、公的年金の2階部分（被用者年金）は次の4つに分かれていました。
- 会社員が加入する「厚生年金」
- 国家公務員が加入する「国家公務員共済年金」
- 地方公務員が加入する「地方公務員共済年金」
- 私立学校の教職員が加入する「私立学校教職員共済年金」

　共済年金と厚生年金には制度の格差が存在し、「官民格差」として批判がありました。この「格差」を解消すべく平成27年10月から国家公務員、地方公務員、私立学校の教職員も厚生年金に加入することとし、2階部分の年金は「厚生年金」に一本化されました。
　共済年金と厚生年金の制度間の差異については、原則として厚生年金に統一することにより解消するとされています。

(2) あなたは第何号被保険者？
　厚生年金に一元化されることにともない、厚生年金の被保険者にも国民年金

と同じような「種別」ができます。

国民年金には、次の3つの種別があります。
- 第1号被保険者（自営業者等）
- 第2号被保険者（会社員、公務員）
- 第3号被保険者（第2号保険者の被扶養配偶者）

これに対し、厚生年金は一元化後、次の4つの種別ができることになります。
- 第1号被保険者（会社員）
- 第2号被保険者（国家公務員）
- 第3号被保険者（地方公務員）
- 第4号被保険者（私立学校の教職員）

（3）共済年金と厚生年金の「差異」とは？

さて、統合することでどんな影響があるのか気になるところです。厚生年金に統合される共済制度の立場で見てみると、主には以下のようなものが挙げられます。

●加入年齢の上限が70歳となる
共済年金は加入年齢に制限がありませんでした。

●保険料（掛金）率のアップ
共済年金の掛金率（保険料率）は厚生年金に比べ割安でした。これが18.3％まで引き上げられる予定です。

●障害年金の支給要件に「保険料納付要件」が加わる
障害厚生年金の要件にある保険料納付要件は、これまで共済年金にはありませんでした。

●遺族年金の転給制度の廃止
転給制度とは、遺族年金を受け取っている人が亡くなったりして権利を失っても、他に権利がある人がいれば、その人に権利が移行する制度。これが廃止

されます。

その他、未支給年金の範囲や在職老齢年金の支給停止等についての差異も「厚生年金」のルールに統一されます。

(4)「官民格差」の象徴である「職域加算」は廃止されるが……

共済年金と厚生年金の「差異」の象徴と言えば、何といっても共済年金にある「職域加算」です。この職域加算も廃止されました。しかし、「年金払い退職給付」として「形を変えて存続」します。

ただし、終身支給であった「職域加算」に比べ、「年金払い退職給付」は終身部分と有期支給（10年または一時払い）の併給となり水準も下がるようです。また、職域加算には不要だった3階部分の保険料（掛金）が新たに発生することになります。

今まで、2階部分の保険料のみで、2階部分のみならず3階部分の年金（職域加算）が受け取れる、というメリットはなくなるといえるでしょう。

(5) 職域加算と年金払い退職給付、受け取るのはどっち？

「職域加算」が受け取れるか、「年金払い退職給付」を受け取ることになるのか。これは、平成27年10月以前に加入期間があるかどうかで決まります。

現在、公務員や私立学校の教職員である人が退職すると、
・平成27年9月までに退職した場合：「職域加算」が支給
・平成27年10月以降に退職し場合：平成27年9月までの加入期間分の「職域加算」、および平成27年10月以降の加入期間分の「年金払い退職給付」がそれぞれ支給されます。

一方、平成27年10月以降に公務員や私立学校の教職員になる人は、「年金払い退職給付」のみが支給されます。

したがって、平成27年9月までの加入期間がある人は、それまでの「格差」部分を受け取れることになります。そういう意味では、「官民格差」はいずれなくなるが、当面は残るということになります。

(6) 国民年金保険料の免除制度

①保険料を納められないときは免除制度を利用しましょう

　経営が悪化し、資金繰りが行き詰まったときには、国民年金保険の免除制度を活用しましょう（表22を参照）。

　保険料を未納のままにしておくと、将来、年金を受けられない場合があります。免除の手続きをしておくと、年金を受ける権利が保障されます。

　経営コンサルをしていると、資金繰りに行き詰まっても、国民年金保険の免除制度を活用することなしに、未納状態にしている農家が案外多くあることにビックリしています。

　国民年金保険料の未納と免除では、まったく扱いが異なります。

　未納は、受給資格年数の計算期間にも入れられません。それに対して、免除制度を利用すると、受給資格年数の計算期間にも入れてもらえますし、また、以下のように保険料全額免除でも、その期間に対する老齢基礎年金の3分の1は受給できることになります。

②手続きをするメリット

　保険料を免除された期間は、老後年金を受け取る際に2分の1（国庫負担割

表22　国民年金保険の免除の種類とその要件、免除額

法定免除	・生活保護法による生活扶助を受けている人 ・障害基礎年金または被用者年金の障害年金（1・2級）の受給権者	保険料全額免除
申請免除	・所得が一定以下の人 ・天災、失業等の理由により、保険料を納付することが著しく困難な人	
	＊所得が一定以下で、保険料を納付することが著しく困難な人 ……**4分の1**は納付しないと、未納扱いになります。	保険料4分の3免除
	＊所得が一定以下で、保険料を納付することが著しく困難な人 ……**半額**は納付しないと、未納扱いになります。	保険料半額免除
	＊所得が一定以下で、保険料を納付することが著しく困難な人 ……**4分の3**は納付しないと、未納扱いになります。	保険料4分の1免除

合）の年金を受け取れます。手続きをせず、未納となった場合2分の1（国庫負担割合）は受け取れません。

＊老齢基礎年金は、平成21年4月分以降は、2分の1が国庫負担されます。

保険料免除・納付猶予を受けた期間中に、ケガや病気で障害や死亡といった不慮の事態が発生した場合、障害年金や遺族年金を受け取ることができます。

国民年金保険の免除の種類とその要件、免除額は前ページ表22のとおりです。

免除を受けた期間の保険料を後で納付する場合は、過去10年以内に限って、さかのぼって納めることができます（追納）。

CHAPTER 2 医療保険制度

1 医療保険制度とは

　医療保険制度とは、加入者やその家族など（被扶養者）が、医療の必要な状態になったときに、公的機関などが医療費の一部負担をしてくれるという制度です。加入者が収入に応じて保険料を出し合い、そこから医療費を支出すると

表23　各種医療保険制度

	制度	被保険者	加入者数	給付事由
75歳未満	組合管掌健康保険（組合健保）	健康保険組合は、社員数が700名以上の企業であれば、国の認可を受けて単独で設立することもできる。また、3,000人以上になれば、同業種の複数の企業が共同で設立（総合健保組合）することもできる。こういった大企業で働く給与取得者	約29,000,000人	業務外の病気・けが、出産、死亡
	協会けんぽ（旧政府管掌健康保険）	主に中小企業の給与取得者が加入または、健康保険組合解散後の大企業の給与取得者が加入	約36,000,000人	
	共済組合（短期給付）	国家公務員、地方公務員、私学の教職員	約9,000,000人	病気・けが、出産、死亡
	国民健康保険	健康保険・船員保険・共済組合等に加入している勤労者以外の一般住民	約36,000,000人 （自治体が保険者　約33,000,000人） （国民健康保険組合が保険者　約3,000,000人）	
75歳以上	後期高齢者医療制度	75歳以上の方および65歳～74歳で一定の障害の状態にあることにつき後期高齢者医療広域連合の認定を受けた人	約16,000,000人	病気・けが

いう仕組みになっています。「健康保険」ともいいます。

日本では、すべての人が医療保険制度に加入することになっていて、これを「国民皆保険制度」とよんでいます。

2　いろいろな医療保険制度

わが国の医療保険制度には、職域・地域、年齢（高齢・老齢）に応じたいろいろな医療保険制度があり、前ページ表23のような種類があります。

* ＊１　退職者医療制度は平成26年度で新規加入を廃止しました。ただし、平成26年度末までにこの制度に該当する方は、退職被保険者が65歳に達するまで資格が継続されます。したがってここでは説明を省略しています。
* ＊２　船員保険についても、ここでは説明から省いています。

3　各医療保険の比較

次に、各医療保険の状況を見てみると、表24のような内容となっています。

これを見ると、年齢構成からもそうなると思いますが、後期高齢者の医療費が1人当たり93万2000円と飛びぬけて多いことがわかります。次に医療費が多いのは国民健康保険で33万7000円となっています。どちらも財源が厳しい状態となっていて、国や他の保険者からの支援がなければ運営できない状態です。

4　医療費の患者負担割合の現状

医療費の患者負担割合は、各医療保険による違いはありません。

しかし、患者の年齢別での負担割合は異なっています。

平成30年4月現在の患者負担割合は、図17のとおりです。

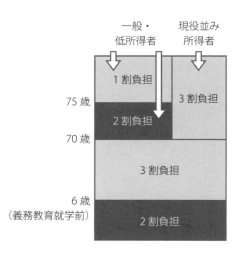

図17　医療費の患者負担割

表24 各医療保険の比較

	市町村国保	協会けんぽ	組合健保	共済組合	後期高齢者医療制度
保険者数（平成27年3月末）	1,716	1	1,400	85	47
加入者数（平成27年3月末）	33,030,000人（19,810,000世帯）	36,390,000人 被保険者 20,900,000人 被扶養者 15,490,000人	29,130,000人 被保険者 15,640,000人 被扶養者 13,490,000人	8,840,000人 被保険者 4,490,000人 被扶養者 4,340,000人	15,770,000人
加入者平均年齢（平成26年度）	51.5歳	36.7歳	34.4歳	33.2歳	82.3歳
65〜74歳の割合（平成26年度）	37.80%	6.00%	3.00%	1.50%	2.4%[*1]
加入者一人当たり医療費（平成26年度）	333,000円	1,670,000円	149,000円	152,000円	932,000円
加入者一人当たり平均所得（平成26年度）	860,000円	1420,000円	2070,000円	2300,000円	830,000円
加入者一人当たり平均保険料	85,000円	107,000円	118,000円	139,000円	69,000円
公費負担額[*2]（平成29年度予算ベース）	4兆2,879億円（国3兆552億円）	1兆1,227億円（全額国費）	739億円（全額国費）	なし	7兆8,490億円（国5兆382億円）

*1 一定の障害の状態にある旨の広域連合の認定を受けた者の割合です。
*2 介護納付金及び特定健診・特定保健指導等に対する負担金・補助金は含まれていません。

5　75歳未満の人の医療保険

(1) 会社員の医療保険（健康保険）

　会社員の医療保険制度には、給与取得者など民間企業に勤めている人とその被扶養者が加入する医療保険があります（被扶養者は加入者ではなく、会社員である加入者（被保険者）の医療保険に扶養される関係になります）。

　給与取得者の医療保険は、組合管掌健康保険（組合健保）と全国健康保険協会運営の健康保険（協会けんぽ）の2種類があります。

　これらは総称して、「健康保険」または「職域保険」とよばれています。

　平成20年10月、政府管掌健康保険は「協会けんぽ」に変わりました。
　中小企業等で働く従業員やその家族の皆様が加入されている健康保険（政府管掌健康保険）は、従来、国（旧社会保険庁）で運営していましたが、平成20年10月1日、新たに全国健康保険協会が設立され、協会が運営することとなりました。
　この協会が運営する健康保険の愛称を「協会けんぽ」といいます。

---

①組合管掌健康保険（組合健保）

　おもに大手の企業などの給与取得者が加入するもので、各企業単独、あるいはいくつかの企業でグループを作って健康保険組合を設立し、運営しています。

　一定規模の職域など小集団であるため、効率的で、きめ細かいサービスができることなどが特徴としてあります。

　例えば、医療費を負担する保険給付事業のほかにも、被保険者とその被扶養者の健康の保持・増進を図る事業として、健康診断をはじめ、独自のレクリエーションや広報活動・保養所等の施設運営などをおこなっています。

　健康保険組合は、一企業で社員が700人以上いると単独で設立できます。

　複数企業の場合は、全体で3000人以上いると共同で設立することもできます（総合健康保険組合）。

②協会けんぽ

　おもに中小企業の給与取得者が加入する制度です。つまり、上記のような健康保険組合が設立されていない会社で働く人とその被扶養者が加入するもの

で、運営は全国健康保険協会がおこなっています。

　農業者が法人成りしたときに加入する医療保険は、この協会けんぽになります。

　具体的な業務として、適用事務、保険料の徴収、保険給付事務などがあります。これらは全国健康保険協会の各支部が窓口となっておこなっています。

(2) 公務員等の医療保険（共済組合の短期給付事業）

　共済組合とは、国家公務員・地方公務員・私立学校職員等と、その被扶養者が加入する制度です。内容は健康保険とだいたい同じと考えてよいと思います。

(3) 国民健康保険

　国民健康保険には、加入者が住んでいる自治体（都道府県＋各市区町村）が運営をするものと、同種の業種またはその事務所に従事する人を組合員とする国民健康保険組合が運営しているものとの2種類があります。

①都道府県＋市区町村が運営する国民健康保険

　各都道府県と市区町村が共同運営する国民健康保険は、自営業者などが加入する地域型の健康保険制度です。特徴としては、大人や子どもの区別なく一人ひとりが被保険者となる点があります。ただし、加入は世帯ごとでおこない、世帯主が届け出をします。

　加入対象となるのは0歳から75歳までの、例えば以下のような方々です。

- お店を経営しているなどの自営業者
- パート、アルバイトなどで職場の健康保険に加入していない人
- 農業や漁業にたずさわっている人
- 外国人登録をおこなっていて、日本に1年以上滞在する人（ただし滞在目的による）

　保険料は基本的に前年度の収入や、同世帯の合算収入などを基準として計算されますが、各市区町村によって算定方法が異なることも特徴の1つです。しかし、平成30年4月以降に都道府県と共同運営することになりましたので、算定方法は少しずつ一本化されることになります。

また、国民健康保険税として、税方式をとっている市区町村もあります。
詳しくは、お住まいの市区町村の役所窓口にお問い合わせください。

②国民健康保険組合

国民健康保険組合は、同一都道府県の建設・医師・歯科医師・薬剤師などの同業者が集まってつくられており、全国に100種類以上の国民健康保険組合があります。

被保険者となれるのは、加入者本人とそこに勤めている従業員、およびその家族です。

国民健康保険組合には、組合の実態に即したサービスを自主的に運営することができるなどの特徴があります。

市区町村の運営する国民健康保険と比べると、一般的に有利な面が多いといえます。

6 75歳以上の人の医療保険
（後期高齢者医療制度。長寿医療制度ともいう）

後期高齢者医療制度は、75歳（寝たきり等の場合は65歳）以上の方が加入する独立した医療制度です。従来の老人保険制度に代わり平成20年4月より開始されました。

サラリーマンも公務員も主婦も無職の人も全員、75歳になったら従来の医療保険を脱退し加入する、独立した医療保険が後期高齢者医療制度（長寿医療制度）です。

対象となる高齢者は、個人単位で保険料を支払います。

7 任意継続被保険者制度

会社などを退職した人が加入し、その家族が扶養される制度として、任意継続被保険者制度（会社の健康保険）があります。

対象となる人は、実際の保険料やサービスの違いなどを比較して選ぶとよいでしょう。

会社などを退職して健康保険の被保険者の資格を失った場合でも、一定の条件のもとで2年間同一の健康保険の被保険者として継続することが可能です。これを任意継続被保険者制度といいます。

　任意継続被保険者となる条件は次のとおりです。
- 健康保険の被保険者でなくなった日までに、継続して2か月以上の被保険者期間がある人
- 被保険者でなくなった日から20日以内に被保険者になるための届出をした人

　任意継続被保険者制度の場合、保険料は今まで会社が負担していた分（5割）も自己負担となりますので、今までの倍額となります。

　しかし、保険料には上限があるため、在職時や国民健康保険に加入するより保険料が安くなる場合もありますので、任意継続被保険者制度を利用する方がよい場合もあります。

　とくに、職場の健康保険の手当金や給付金などを受けている場合や、妊娠出産により退職する場合などは、支払う保険料や今後受けられる手当てやサービスの違いを比較検討してみて、自分にとってメリットの高い方を選ぶとよいでしょう。

　なお、条件などは各職場の所属する健康保険制度によって違っていますので、詳しくは会社、全国健康保険協会の各支部または健康保険組合などにお問い合わせください。

　任意継続被保険者制度の期間は最長で2年間です。2年を過ぎると、以降は、一般の国民健康保険・家族の職場の健康保険の被扶養者となるなど、他の制度に移行することになります。

8　退職後も医療保険に加入するには3つの方法がある

　退職する人は、退職後の健康保険をどうするのかを、あらかじめ考えておくことが必要です。退職後も健康保険に加入するには、次の3つの方法があります。

(1) 配偶者や親族の健康保険の被扶養者になる

　配偶者または親族が健康保険に加入していれば、その被扶養者になることができます。この手続きは、配偶者または親族が「被扶養者（異動）届」を勤務先に提出することによっておこないます。

(2) 退職時に加入している健康保険の任意継続被保険者になる

　退職日までに健康保険の被保険者期間が継続して2ヵ月以上あれば、退職時に加入している健康保険に2年間加入し続けることができます。これを「任意継続被保険者」といいます。なお、被扶養者もあわせて任意継続にすることができます。

　手続きは、退職時に加入していた健康保険組合または協会けんぽに退職日の翌日から20日以内に所定の申請書を提出することによっておこないます。

(3) 居住する都道府県と市区町村が共同運営する国民健康保険に加入する

　都道府県と市区町村が共同運営する国民健康保険に加入します。なお、退職時に被扶養者がいる場合は、あわせて国民健康保険に加入することが必要です。手続きは、退職日の翌日から14日以内に市区町村の窓口に届け出をしなければなりません。

　以上3つの中で断然お得なのは、(1) 配偶者や親族の健康保険の被扶養者になるという方法です。人生をかけて農業を志したり転職したときは、まずこの方法を考えることが大切です。奥さんが働いているなら喜んで奥さんの扶養に入りましょう。

9　保険料率と保険料の計算方法

　国民健康保険の保険料は、被保険者が全額を支払いますが、協会けんぽや組合健康保険などの医療保険料は労使折半（会社が半分を支払い、被保険者が残り半分を支払う）となっているのが大きな違いです。

　また、それぞれの制度や市区町村などによって、以下のように異なっています。

(1) 国民健康保険料

前年度の所得をもとにして、所得割率・均等割・平等割・資産割などの方法によって保険料が決定されます。その市区町村の年度ごとの医療費総額を推計し、国民健康保険料として各世帯に割り当てることになります。しかし、平成30年4月以降に都道府県と共同運営することになりましたので、算定方法は少しずつ一本化されることになります。

計算方法・料率・金額などは各市区町村によって異なりますので詳しくはお住まいの市区町村役場・役所等の窓口にお問い合わせください。

(2) 組合管掌健康保険料・共済組合掛金

組合管掌健康保険料（組合健保）、共済組合掛金は、各組合にお問い合わせください。

(3) 協会けんぽの保険料

協会けんぽの場合、保険料は労使折半となりますので、99ページの表25の一般保険料率の半分が被保険者が支払う保険料になります。平成30年度の協会けんぽの平均保険料率は10.0％です）。

医療保険制度改正に伴い、平成20年4月より、各保険者において特定保険料率および基本保険料率（保険料率の内訳）を定めることとされました。

●特定保険料率

前期高齢者[1]納付金、後期高齢者[2]支援金、退職者給付拠出金および病床転換支援金等に充てるための保険料率のことです。

- [1] 前期高齢者：65歳以上75歳未満の公的医療保険制度の加入者をいいます（独立した医療制度ではありません）。
- [2] 後期高齢者：75歳以上（または広域連合の障害認定を受けた65歳以上75歳未満）の後期高齢者医療制度（長寿医療制度）の加入者をいいます。

●基本保険料率

協会けんぽの加入者に対する医療給付、保健事業等に充てるための保険料率のことです。

●一般保険料率

　一般保険料率は、特定保険料率と基本保険料率とを合算した率となっています（次ページ表25）。

　平成30年3月分（同年5月1日納付期限分）からの一般保険料率、特定保険料率および基本保険料率は、表25のようになります。

　平成30年度の平均保険料率は、次のとおりです。

　基本保険料率　6.39％
　特定保険料率　3.61％
　一般保険料率　10.0％（基本保険料率＋特定保険料率）

●介護保険第2号被保険者の介護保険料も一緒に徴収されます

　40歳から64歳までの人（介護保険第2号被保険者）は、これに全国一律の介護保険料（1.57％：平成30年度）が加わります。

　それでは、30年度の全国平均的な標準報酬月額ごとの特定保険料額、基本保険料額を100ページの表26でみてみましょう。

　結構な金額になりますね。これが法人化へのブレーキになるのです。

（4）後期高齢者医療制度の保険料

　保険料は、後期高齢者（75歳以上。寝たきり等の場合は65歳以上）の皆さんが一人ひとり納めます。

　保険料と保険料率は、各都道府県において運営主体となる広域連合が、「財政的負担能力」と「地域の医療費の水準」に応じて決めています。

　75歳以上の高齢者等の医療費について、全体の約50％を公費で、約40％を74歳以下の若年層の支援金（後期高齢者医療支援金）で、そして残りの約10％を75歳以上の高齢者等の保険料で賄います。現役並み所得の人は30％負担です。

　保険料は、被保険者全員が一律に負担する「均等割額」と、被保険者の所得に応じて負担する「所得割額」、これらを合計した額で決まります。

　つまり、「保険料」＝「均等割額」＋「所得割額」ということです。

表25　一般保険料率、特定保険料率および基本保険料率

都道府県	一般保険料率	特定保険料率	基本保険料率	都道府県	一般保険料率	特定保険料率	基本保険料率
北海道	10.25%	3.61%	6.64%	滋賀県	9.84%	3.61%	6.23%
青森県	9.96%	3.61%	6.35%	京都府	10.02%	3.61%	6.41%
岩手県	9.84%	3.61%	6.23%	大阪府	10.17%	3.61%	6.56%
宮城県	10.05%	3.61%	6.44%	兵庫県	10.10%	3.61%	6.49%
秋田県	10.13%	3.61%	6.52%	奈良県	10.03%	3.61%	6.42%
山形県	10.04%	3.61%	6.43%	和歌山県	10.08%	3.61%	6.47%
福島県	9.79%	3.61%	6.18%	鳥取県	9.96%	3.61%	6.35%
茨城県	9.90%	3.61%	6.29%	島根県	10.13%	3.61%	6.52%
栃木県	9.92%	3.61%	6.31%	岡山県	10.15%	3.61%	6.54%
群馬県	9.91%	3.61%	6.30%	広島県	10.00%	3.61%	6.39%
埼玉県	9.85%	3.61%	6.24%	山口県	10.18%	3.61%	6.57%
千葉県	9.89%	3.61%	6.28%	徳島県	10.28%	3.61%	6.67%
東京都	9.90%	3.61%	6.29%	香川県	10.23%	3.61%	6.62%
神奈川県	9.93%	3.61%	6.32%	愛媛県	10.10%	3.61%	6.49%
新潟県	9.63%	3.61%	6.02%	高知県	10.14%	3.61%	6.53%
富山県	9.81%	3.61%	6.20%	福岡県	10.23%	3.61%	6.62%
石川県	10.04%	3.61%	6.43%	佐賀県	10.61%	3.61%	7.00%
福井県	9.98%	3.61%	6.37%	長崎県	10.20%	3.61%	6.59%
山梨県	9.96%	3.61%	6.35%	熊本県	10.13%	3.61%	6.52%
長野県	9.71%	3.61%	6.10%	大分県	10.26%	3.61%	6.65%
岐阜県	9.91%	3.61%	6.30%	宮崎県	9.97%	3.61%	6.36%
静岡県	9.77%	3.61%	6.16%	鹿児島県	10.11%	3.61%	6.50%
愛知県	9.90%	3.61%	6.29%	沖縄県	9.93%	3.61%	6.32%
三重県	9.90%	3.61%	6.29%				

①均等割額

所得に関係なく、加入者が一律に支払う部分です。

この金額は広域連合ごと（都道府県ごと）に異なっています。大体1人当たり、3万円台後半〜4万円台後半です。

この「均等割額」は、同じ世帯の被保険者全員＋世帯主の総所得額に応じて

表 26　全国健康保険協会（協会けんぽ）の被保険者の保険料額（平成 30 年 3 月分（4 月納付分）～）

標準報酬		報酬月額	全国健康保険協会管掌健康保険料			
			介護保険第 2 号被保険者に該当しない場合		介護保険第 2 号被保険者に該当する場合	
			10.00%		11.57%	
等級	月額		全額	折半額	全額	折半額
1	58,000	円以上　円未満 ～ 63,000	5,800	2,900	6,711	3,355
2	68,000	63,000 ～ 73,000	6,800	3,400	7,868	3,934
3	78,000	73,000 ～ 83,000	7,800	3,900	9,025	4,512
4（1）	88,000	83,000 ～ 93,000	8,800	4,400	10,182	5,091
5（2）	98,000	93,000 ～ 101,000	9,800	4,900	11,339	5,669
6（3）	104,000	101,000 ～ 107,000	10,400	5,200	12,033	6,016
7（4）	110,000	107,000 ～ 114,000	11,000	5,500	12,727	6,364
8（5）	118,000	114,000 ～ 122,000	11,800	5,900	13,653	6,826
9（6）	126,000	122,000 ～ 130,000	12,600	6,300	14,578	7,289
10（7）	134,000	130,000 ～ 138,000	13,400	6,700	15,504	7,752
11（8）	142,000	138,000 ～ 146,000	14,200	7,100	16,429	8,215
12（9）	150,000	146,000 ～ 155,000	15,000	7,500	17,355	8,678
13（10）	160,000	155,000 ～ 165,000	16,000	8,000	18,512	9,256
14（11）	170,000	165,000 ～ 175,000	17,000	8,500	19,669	9,835
15（12）	180,000	175,000 ～ 185,000	18,000	9,000	20,826	10,413
16（13）	190,000	185,000 ～ 195,000	19,000	9,500	21,983	10,992
17（14）	200,000	195,000 ～ 210,000	20,000	10,000	23,140	11,570
18（15）	220,000	210,000 ～ 230,000	22,000	11,000	25,454	12,727
19（16）	240,000	230,000 ～ 250,000	24,000	12,000	27,768	13,884
20（17）	260,000	250,000 ～ 270,000	26,000	13,000	30,082	15,041
21（18）	280,000	270,000 ～ 290,000	28,000	14,000	32,396	16,198
22（19）	300,000	290,000 ～ 310,000	30,000	15,000	34,710	17,355
23（20）	320,000	310,000 ～ 330,000	32,000	16,000	37,024	18,512
24（21）	340,000	330,000 ～ 350,000	34,000	17,000	39,338	19,669
25（22）	360,000	350,000 ～ 370,000	36,000	18,000	41,652	20,826
26（23）	380,000	370,000 ～ 395,000	38,000	19,000	43,966	21,983
—	—	—	—	—	—	—
49	1,330,000	1,295,000 ～ 1,355,000	133,000	66,500	153,881	76,941
50	1,390,000	1,355,000 ～	139,000	69,500	160,823	80,412

「7割減（特例により9割減、または8・5割減）・5割減・2割減」の3段階（特例により4段階）に分けて均等割額が軽減される、「均等割額の軽減措置」が採用されています（表27参照）。

表27　後期高齢者医療制度の保険料均等割額の軽減割合

軽減割合	世帯の総所得（収入）金額等（世帯主と被保険者により判定）
9割	均等割額の8.5割軽減を受ける世帯のうち、被保険者全員が所得0円の場合（ただし、公的年金控除額は800,000円として計算）
8.5割	基礎控除額（330,000円）を超えない世帯
5割	基礎控除額（330,000円）＋275,000円×世帯の被保険者数を超えない世帯
2割	基礎控除額（330,000円）＋500,000円×世帯の被保険者数を超えない世帯

＊基礎控除額33万円は住民税の基礎控除額です。

②所得割額

所得割額とは上述したように、被保険者の所得に応じて負担する保険料です。

均等割額と異なり、所得割額は個人単位で計算します。

（所得割額）＝｛（総所得金額等）－（基礎控除33万円）｝×（所得割率）

所得割率は広域連合によって異なります。

総所得金額等とは、「事業収入－必要経費」、「給与収入－給与所得控除」、「年金収入－公的年金控除」等で各種所得控除前の金額です。また、退職所得以外の分離課税の所得金額（土地・建物や株式等の譲渡所得などで特別控除後の額）も総所得金額等に含まれます。

総所得金額等が33万円以下の場合は、所得割額は0円となります。

平成30・31年度の全国平均の被保険者の均等割額は4万5116円で、所得割率は8.81％でした。

2019年現在、後期高齢者医療制度の「年間最高保険料（割賦限度額）は62万円」となっています。

また、後期高齢者医療制度に加入する前日に健康保険（協会けんぽ、組合健保等）の被扶養者であった者は、75歳に到着後2年間に限り所得にかかわらず均等割を5割軽減しています。また所得割は賦課されません。

10　給付の種類と内容

　医療保険による医療給付の内容を次ページの表28でざっと見てみましょう。
　協会けんぽと国民健康保険における、給付金の種類と内容を一覧にしました。
　組合健康保険・船員保険・共済組合などでも同様の給付があります。
　これを見ると基本的に保険の種類による給付内容に違いはありません。あるとすると病気や出産で会社を休んだときの傷病手当金と出産手当金があるかないかの違いぐらいです。

11　被扶養者制度

　組合健康保険・協会けんぽ・船員保険・共済組合など、勤め先での健康保険の被保険者本人と生計を一にする家族などを「被扶養者」といい、健康保険法ではこの被扶養者の疾病、負傷、死亡または出産に関しても保険給付をおこなうこととしています。

(1) 被扶養者の範囲
　被扶養者とは、表29のとおりとされています。
　第1号被扶養者の要件の「主として生計を維持されている」とは、被保険者の収入により生活をしていることをいい、必ずしも被保険者と同居していなくてもかまいません。しかし、第2号被扶養者については、生計を維持されている人と同居していることが条件となります。

表29　被扶養者の要件と範囲

被扶養者の要件	被扶養者の範囲
●第1号被扶養者 主として被保険者に生計を維持されている人（同居していなくてもよい）	被保険者の直系尊属（親・祖父母・曽祖父母） 配偶者（内縁関係の者も含む） 子、孫および兄姉弟妹
●第2号被扶養者 被保険者と同居し、かつ被保険者に生計を維持されている人（同居が条件）	被保険者の三親等内の親族（伯叔伯母、甥姪等） 被保険者の内縁の配偶者の父母および子

表 28　医療保険による医療給付の内容

被保険者	国民健康保険	協会けんぽ		給付のあらまし
		被保険者	被扶養者	
療養の給付	○	○	○	保険証を提示して診察を受けると、医療費の一部を負担します。自己負担分は3割です。
入院時食事療養費	○	○	家族療養費として○	入院中の食事にかかる標準的な費用を除く部分を現物給付します。
入院時生活療養費	○	○	家族療養費として○	介護保険との均衡の観点から、療養病床に入院する65歳以上の者の生活療養に要した費用について、保険給付として入院時生活療養費を支給されることとなりました。
保険外併用療養費	○	○	家族療養費として○	保険外診療を受ける場合でも、厚生労働大臣の定める「評価療養」と「選定療養」については、保険診療との併用が認められており、通常の治療と共通する部分（診察・検査・投薬・入院料等）の費用は、一般の保険診療と同様に扱われ、その部分については一部負担金を支払うこととなり、残りの額は「保険外併用療養費」として健康保険から給付が行われます。
訪問看護療養費	○	○	○	居宅で療養している人が、かかりつけの医師の指示に基づいて訪問看護ステーションの訪問看護師から療養上の世話や必要な診療の補助を受けた場合、その費用が、訪問看護療養費として現物給付されます。
療養費	○	○	○	健康保険では、保険医療機関の窓口に被保険者証を提示して診療を受ける『現物給付』が原則となっていますが、やむを得ない事情で、保険医療機関で保険診療を受けることができず、自費で受診したときなど特別な場合には、その費用について、療養費が支給されます。
高額療養費	○	○	○	1ヵ月に支払った医療費が一定額を超え高額となったときに、その超えた額が支給されます。
移送費	○	○	○	重病人の入院・転院などの移送に車代がかかったとき、移送費が支給されます（支給基準を満たしていることが必要）。申請が必要です。
傷病手当金	―	○	―	病気やけがのために会社を休み、事業主から十分な報酬が受けられない場合に支給されます。連続して3日以上勤めを休んでいるときに4日目から支給されます。ただし休んだ期間について事業主から傷病手当金の額より多い報酬額の支給を受けた場合は支給されません。
出産育児一時金	○	○	○	出産した場合に1児につき一定額が支給されます。
出産手当金	―	○	―	出産のため会社を休み、事業主から報酬が受けられないときは出産手当金が支給されます。
葬祭費	○	○	○	被保険者や被扶養者が死亡した場合に支給されます。

(2) 被扶養者となる年収額の範囲

　会社などの健康保険の被保険者となっている人と生計を一にする家族のうち年収の範囲が下記の範囲であれば被扶養者となります。
- 同居……年収130万円未満でかつ被保険者の年収の半分未満であるとき
- 別居……年収130万円未満で被保険者からの援助額より低いとき

　ただし、いずれの場合でも、60歳以上の人、または障害状態にある人の場合は130万円未満を180万円未満と読みかえて判断をします。

　会社員の配偶者が、会社員の健康保険の被扶養者になるには、パートタイマーなど自分の働きによる年収が130万円未満ということになります（年収130万円以上となった場合は、本人が被保険者となり国民健康保険等の医療保険料を支払わなければなりません）。

　この130万円未満基準は厚生年金保険の被扶養者基準でもあるので、二重に注意が必要です。

　また、配偶者が社会保険適用事業所でパートなどとして働く場合、1週間の所定労働時間および1か月の所定労働日数が当該事業所の通常労働者の4分の3以上の場合は、その会社の医療保険に加入しなければなりませんので、夫の医療保険の被扶養者になることはできません。

　農業で法人成りしたときに、配偶者を健康保険（協会けんぽ）の被扶養者にする場合がありますが、給与面で130万円未満であっても、働き方で被保険者にせざるを得ない場合がありますので、注意が必要です。

12　人を雇ったときの従業員の医療保険は？

　従業員を雇用したときに健康保険に加入しなければならないのか、それとも加入しなくてもよいのかは重大な問題です。健康保険に加入しなければならない場合、従業員の健康保険料の半分を負担しなければならないからです。もちろん人を雇う以上、社会保険を充実させることは優秀な人材を将来に向かって確保することにもつながるので大切なことです。それでも費用が増えることは小規模な経営体にとって大きなことなので、まずはその内容をしっかりと把握していきましょう。

●健康保険の適用事業所とは

健康保険では、事業所を単位に適用されます。

健康保険の適用を受ける事業所を適用事業所といい、法律によって加入が義務づけられている強制適用事業所と、任意で加入する任意適用事業所の2種類があります。

①農業を営む個人事業体は、健康保険の任意適用事業所です！

農業を営む個人事業体は、たとえ常時従業員が100人いても健康保険（協会けんぽ）に加入する義務はありません。

②法人成りしたときには、健康保険の強制適用事務所になります

いくら農業とはいえ、法人成りすると健康保険の強制適用事業所になり、下記の事例のうち健康保険加入条件を満たす人は、健康保険に加入しなければなりません。

　ⅰ　健康保険に加入しなければならない人

健康保険に加入している事業所で雇用されている人のうち、以下の条件に当てはまる人については加入義務が発生します。

- 常時雇用されている
- 75歳未満である

　ⅱ　アルバイトやパートの場合の加入条件

アルバイトやパートであっても、1週の所定労働時間および1月の所定労働日数が常時雇用者の4分の3以上の人は、健康保険への加入義務が発生します。（平成28年10月1日以降の取り扱い＊被保険者資格取得の経過措置有）

　ⅲ　常時501人以上の企業に勤めていて、下記の要件を満たす人

平成28年10月から501人以上の会社は社会保険上の「特定適用事業所」となります。この場合は、以下の条件にすべて当てはまる場合は、加入条件を満たした従業員とみなされます。

- 週の所定労働時間が20時間以上あること
- 雇用期間が1年以上見込まれること
- 賃金の月額が8.8万円以上であること
- 学生でないこと

Chapter 2　医療保険制度

- 常時501人以上の企業に勤めていること

　法人成りした農業経営体で、ⅲの常時501人以上の企業に該当する事例はありませんが、年々条件が厳しくなることを考えると、将来この条件が課せられることが求められてくるのかもしれません。

CHAPTER 3 介護保険制度

1 介護保険制度とは

　介護保険制度は、40歳以上の人全員を被保険者（保険加入者）とした、市町村（特別区を含む。以下同）が運営する強制加入の公的社会保険制度です。
　被保険者になると保険料を納め、介護が必要と認定されたときに、費用の一部を支払って介護サービスが利用できます。全体の仕組みは下の図18のとおりです。

2 介護保険制度の仕組み

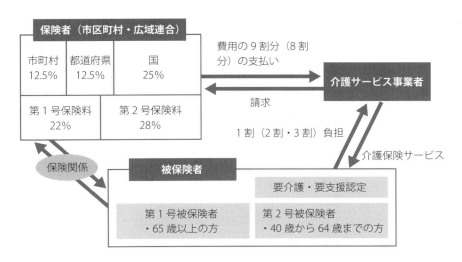

図18　介護保険制度の仕組み

　介護保険の保険者とは、市町村と特別区（広域連合を設置している場合は広域連合）になります。

介護保険者は、介護サービス費用の9割（8割）＊を給付するとともに、第1号被保険者の保険料を徴収し、介護保険財政を運営しています。財源は公費5割、保険料5割（現在、第1号保険料22％、第2号保険料28％）とされています。

> ＊介護保険サービスの自己負担は、介護保険制度スタートから15年間は原則1割でした。それを改正すべく前回の改正で平成27年8月以降、一定以上所得者については費用の8割分の支払い、および2割負担でした。しかし今改正では、さらに2割負担の人のうち「特に所得の高い層」の負担割合が3割となります。

3　介護保険の被保険者の分類と受給条件、保険料の徴収方法

　介護保険制度では、被保険者は表30のように分類されています。

表30　介護保険の被保険者の分類と受給条件、保険料の徴収方法

	65歳以上の人 （第1号被保険者）	40歳から64歳の人 （第2号被保険者）
	32,020,000人	42,470,000人
対象者	65歳以上の人	40歳以上65歳未満の健保組合、全国健康保険協会（協会けんぽ）、市町村国保などの医療保険加入者。（40歳になれば自動的に資格を取得し、65歳になるときに自動的に第1号被保険者に切り替わります）
受給条件	・要介護状態 ・要支援状態 　認定者数 5,690,000人	・要介護（要支援）状態が、老化に起因する疾病（特定疾病※）による場合に限定。 　認定者数 150,000人
保険料の徴収方法	・市町村と特別区が徴収（原則、年金からの天引き） ・65歳になった月から徴収開始	・医療保険料と一体的に徴収 ・40歳になった月から徴収開始

> ＊第1号被保険者および要介護（要支援）認定者の数は、「平成25年度介護保険事業状況報告年報」によるものであり、平成25年度末現在の数である。
> 　第2号被保険者の数は、社会保険診療報酬支払基金が介護給付費納付金額を確定するための医療保険者からの報告によるものであり平成25年度内の月平均値である。
> 　第1号被保険者の場合は、原因を問わず要介護状態・要支援状態のときサービ

スを受けられます。

第2号被保険者は、要介護状態・要支援状態となる原因を「脳卒中、初老期認知症など老化に起因する特定の疾病」と限定しているため、例えば事故などのケガによって介護が必要な状態となった場合は、サービスを利用できないことになります。

4 介護保険料

介護保険の保険料は、

① 40～65歳未満の人（第2号被保険者）は、国民健康保険や健康保険などの公的医療保険の保険料に上乗せする形で徴収されます。

② 65歳以上の人（第1号被保険者）は、公的年金から天引きをする方法（特別徴収）と、納付用紙や口座振替などで支払う方法（普通徴収）があります。

　i　普通徴収：受給している年金が、年額18万円未満の場合は、納付書で各自納めます。

　ii　特別徴収：受給している年金が、年額18万円以上の場合は、年金から差し引かれます。

(1) 40歳以上65歳未満の人の介護保険料（第2号被保険者の介護保険料）

40歳から65歳未満までの人の介護保険料は、公的医療保険（健康保険・国民健康保険・共済組合など）の保険料と一緒に、一括して徴収されます。保険料の計算の仕方や額は、加入している医療保険によって異なります。

①国民健康保険加入者の介護保険料

保険料は各市区町村によって、また、所得や資産等に応じて料率等が異なります。世帯主が、世帯員の分も負担します。

②協会けんぽ・組合健康保険の加入者の介護保険料

平成30年度の協会けんぽの介護保険料の料率は1.57％で、健康保険料と共に支払うことになります。健康保険の保険料率は全国平均10.0％ですので、合わせて11.57％となります。

＊協会けんぽの保険料率は、都道府県によって異なります。

健康保険（協会けんぽ、組合健康保険）適用会社に勤めている人の介護保険料は労使折半のため、半分は事業主が負担し、残り半分が個人負担分として給与から健康保険料とともに天引きされます。任意継続被保険者の場合は全額自己負担となります。

　給与取得者の配偶者等の被扶養者の分は、原則として各健康保険の各被保険者が皆で分担することとなっていますので、個別に保険料を納める必要はありません。

　40歳以上64歳未満の第2号被保険者の介護保険料は、一般保険料と合わせて徴収されます。

　組合健保の場合、第2号被保険者を扶養する40歳未満ならびに65歳以上の被保険者については、「特定被保険者」といい、扶養する第2号被保険者の介護保険料を徴収されます（下記の囲みを参照）。

　介護保険は、医療保険に加入している40歳以上65歳未満の人に保険料を支払う義務が生じます。協会けんぽの40歳未満の人は、40歳以上の人を被扶養者にしても介護保険料を納める必要はありません。しかし、健康保険組合によっては、規約により40歳未満の被保険者に40歳以上の被扶養者（健康保険法上「特定被保険者」といいます）の介護保険料の納付を求めている場合があります。

　介護保険の特定被保険者制度とは、健康保険組合において、40歳未満または65歳以上の被保険者で、40歳以上65歳未満の被扶養者をもつ被保険者（特定被保険者）から介護保険料を徴収する制度です。

　健康保険組合が国に納付する介護納付金は、40歳以上65歳未満の被保険者および被扶養者数に国が定めた1人当たり負担額を乗じた金額で決定されます。

（2）65歳以上の人の介護保険料（第1号被保険者の介護保険料）

　65歳以上の人の介護保険料は、各市区町村によって算出した基準額に、次ページ表31のように課税額や収入等によって一定の料率を掛けて算出されます（表31）。

　基準額は3年ごとに見直されます。自分の地域の基準額については、各市区町村の窓口に問い合わせてください（なお、2015～2017年度の全国平均の基準額は5514円です）。

表31　65歳以上の人（第1号被保険者）の介護保険料

所得段階[*1]	対象者[*2]	保険料[*3]
第1段階	・生活保護受給者 ・市町村民税世帯全員非課税、かつ、本人が老齢福祉年金受給者	基準額×0.5
第2段階	市町村民税世帯全員非課税であり、本人の前年中の公的年金等収入額＋合計所得金額が800,000円未満の者	基準額×0.5
第3段階	市町村民税世帯全員非課税であり、本人の前年中の公的年金等収入額＋合計所得金額が800,000円以上の者	基準額×0.75
第4段階	世帯のだれかが住民課税で、本人は住民税非課税の者	基準額×1
第5段階[*2]	本人が住民税課税で、本人の前年中の合計所得金額が1,900,000円未満の人	基準額×1.25
第6段階〜[*2]	本人が住民税課税で、本人の前年中の合計所得金額が1,900,000円以上の人	基準額×1.5

*1　地域の実情に合わせて、市区町村ごとに6段階以上の所得段階を定めることも可能です。
*2　第5段階以上の所得区分の区切りの金額は、市区町村ごとに設定されます。
*3　基準額に乗じる所得段階ごとの「割合」は、市区町村ごとに設定されます。
　　　上の表中に入っている数値は標準割合として厚生労働省により示されている数値です。

5　介護保険サービス利用者の負担割合

● 3割負担の導入

世代間等の公平性を保ち、介護保険制度を持続させていくという観点から、

表32　介護保険サービス利用者の負担割合

	負担割合	
年金収入等　3,400,000円以上[*1]	2割⇒	**3割**
年金収入等　2,800,000円以上[*2]	2割	
年金収入等　2,800,000円未満	1割	

*1　具体的な基準は政令事項。現時点では、「合計所得金額（給与収入や事業収入等から給与所得控除や必要経費を控除した額）2,200,000円以上」かつ「年金収入＋その他合計所得金額3,400,000円以上（単身世帯の場合。夫婦世帯の場合は4,630,000円以上）」とすることを想定。⇒単身で年金収入のみの場合3,440,000円以上に相当
*2　「合計所得金額1,600,000円以上」かつ「年金収入＋その他合計所得金額2,800,000円以上（単身世帯の場合。夫婦世帯の場合は3,460,000円以上）」⇒単身で年金収入のみの場合2,800,000円以上に相当

一部の介護保険サービス利用者の自己負担額を2割から3割に引き上げることになりました（前ページ表32）。ただし、負担上限額が設定されています（平成30年（2018年）8月〜）。

6　介護保険サービスの利用の流れ

　介護保険による介護サービスは、市区町村による介護認定を受けてから、ケアマネージャーによるケアプランをもとに、介護保険施設等での施設サービスや、在宅サービスの利用が可能となります。
　介護保険を利用する場合は、以下のような流れで手続きを行います。

（1）相談から認定まで
　①要介護認定の申請
　本人または家族等が市区町村に申請します。
　②訪問調査
　市区町村が自宅訪問して調査します。
　③主治医の意見書提出
　　主治医の意見書を提出します。
　④一次判定
　調査結果及び主治医意見書の一部の項目はコンピューターに入力され、全国一律の判定方法で要介護度の判定がおこなわれます。
　⑤介護認定審査会による判定（2次判定）
　一次判定の結果と主治医意見書に基づき、介護認定審査会による要介護度の判定がおこなわれます。
　⑥認定
　市区町村は、介護認定審査会の判定結果に基づき要介護認定をおこない、申請者に結果を通知します。
　認定は要支援1〜2から要介護1〜5までの7段階および非該当に分かれています。

(2) 認定後の流れ（認定を受けたあと）

●居宅介護サービスの場合

①居宅介護サービスの希望と申込み

申込みは、要支援者は地域包括支援センター、要介護者は居宅介護支援事業所です。

②サービス計画（ケアプラン）作成（居宅サービスのみ）

居宅（在宅）サービスについては、ケアマネージャーによるサービス計画（ケアプラン）が必要です。ケアプランは、利用者に応じてサービスの種類や内容を決めます。

③ケアプランに基づく居宅サービスの開始

居宅（在宅）サービスの内容は、次のとおりです。

- 訪問サービス
- 通所サービス等
- 短期入所サービス
- 小規模多機能型居宅介護
- その他のサービス

●施設サービスの場合

①施設サービスの希望と申込み

申し込みは、施設等に直接申し込みます。

②施設・居住サービスの開始

- 介護老人福祉施設
- 介護老人保健施設
- 介護療養型医療施設
- 特定施設入居者生活介護
- 認知症対応型共同生活介護

●福祉用具を使う

福祉用具を使うサービスについては、ケアマネージャーによるサービス計画（ケアプラン）が必要です。

- 福祉用具貸与

- 特定福祉用具販売

7　第2号被保険者（65歳未満の人）の要介護認定基準

　第2号被保険者（40歳以上65歳未満）の人は、脳卒中、初老期における認知症など、特定16疾病に起因する介護状態になった場合に、要介護認定が受けられます。ケガなどを起因としている場合は、介護保険の給付対象になりませんので注意しましょう。認定の種類は、第1号被保険者と同じです。

CHAPTER 4　国民健康保険料と介護保険料の計算

1　国民健康保険料と介護保険料は、一括して徴収されます

　農家や自営業者は国民健康保険に加入していますが、この保険料は、国民健康保険料（税）の算定基準に準じて定められる介護保険料（40歳から64歳までの介護保険の第2号被保険者の介護保険料）と一括して徴収されることになっています。国民健康保険等の医療保険と介護保険の一体化がはかられたためです。

　したがって、国民健康保険料の仕組みを知って少しでも得する適用をすることは介護保険料の算定にも連動してきますので注意したいものです。

　また、平成20年4月から医療制度は大きな改正がなされ、75歳以上の人すべてが現在加入の各種公的医療保険からはずれて、後期高齢者医療制度に加入することになりました。したがって国民健康保険は、74歳以下の人が加入する保険となりました。と同時に、新たに75歳以上の後期高齢者医療制度を支援するための「高齢者支援分」が国民健康保険料に加わることになりました。

　改正前→国民健康保険料＝医療給付費分
　改正後→国民健康保険料＝医療給付費分＋「高齢者支援分」

2　国民健康保険料の計算方法

　国民健康保険の算定は、次の4要素でもって行われます。

　①所得割：所得に応じて一定割合で発生する保険料です。所得が多い人ほどたくさんの保険料を納めることになります。

　②資産割：持っている家や土地の価値に応じて保険料が変わります（適用する自治体は減少している）。

　③均等割：加入者1人に対して定額でかかる保険料です。
　　　　　　0歳時の赤ちゃんも加入者です。

④平等割（世帯割ともいう）：1世帯に定額でかかる保険料です。人数による変動はありません。

　国民健康保険の算定方式については、各市町の裁量にある程度まかされているため、上記①から④までの要素を組み合わせた次のような保険料算定方式がみられます。

●国民健康保険料算定方式
- 二方式：①所得割と③均等割の2つの要素を用いた按分計算方式。
- 三方式：①所得割、③均等割および④平等割の3要素の按分計算方式。
- 四方式：①所得割、②資産割、③均等割および④平等割の4要素の按分。

　実際の計算にあたっては、市町村に問い合わせた計算方式と数値をもとに算出してください。

　資産割については高齢化が進み、収入はないが自宅のみを所有している事例が増加している現状があり、資産割を廃止する自治体が多くなっています。この国民健康保険料の最高負担限度額は、61万円です（平成31年度）。

3　75歳以上後期高齢者支援分

　後期高齢者支援分も国民健康保険料算定システムに準じて算定されるシステムとなっています。後期高齢者支援分の最高負担限度額は19万円です。

4　介護保険

　介護保険では、40歳から64歳までの介護保険第2号被保険者と、65歳以上の介護保険第1号被保険者とに分けられます。第2号被保険者（40～64歳）は、医療保険料と合わせて介護保険料を算定徴収されるシステムとなっています。

　介護保険第1号被保険者（65歳以上）は介護保険料を一人ひとりが支払います。この場合、年金受給者は年金から天引きされるシステムとなっています。

　介護保険第2号被保険者が、国民健康保険料と一体的に徴収される介護保険料の最高負担限度額は、17万円です。

　以上の内容で、理解を深めるために4方式での国民健康保険料の算定方式

を採用して表33でA市の事例を掲げます。自治体により大きく異なりますので注意してください。

表33 A市の国民健康保険料の算定方式（74歳以下加入者）

算定方式	算定基準	医療給付費分	高齢者支援分	介護保険分 40歳～64歳
所得割	加入者全員の基準所得金額の合計額	× 10%	× 2.5%	× 1%
資産割	固定資産税等の額	× 20%	× 5%	× 2%
均等割	加入者の人数	× 20,000円	× 5,000円	× 3,000円
平等割	一世帯あたり	× 30,000円	× 7,500円	× 4,000円
最高負担限度額合計 970,000円		610,000円	190,000円	170,000円

これらの最高負担限度額の合計は、97万円です（平成31年度）。

> ●後期高齢者医療制度（国民健康保険ではありません）
>
> 　75歳以上のすべての人が、今までの健康保険（国民健康保険、協会けんぽ等）から脱退して、新たに加入する独立した医療制度です。保険料は、均等割額と所得割額を合計した金額で決まります。後期高齢者はこの保険料を一人ひとりが支払います。この場合、年金受給者は年金から天引きされるシステムとなっています。各医療保険制度から支援を受けています。

5　国民健康保険料（高齢者支援分含む）と介護保険料の総合算出システム

以上の内容をまとめると、次のようになります。

①国民健康保険は74歳以下の加入者全員の医療保険（高齢者支援分含む）。

②75歳以上の後期高齢者は後期高齢者医療制度に加入し、保険料を一人ひとりが納めます。

③国民健康保険と一体的に徴収される介護保険料は、40歳～64歳の介護第2号被保険者の介護保険料です。

④65歳以上の人は、介護保険第1号被保険者として介護保険料を一人ひとりが納めます。

表34　国民健康保険料、介護保険料の計算の仕組み（一体的に徴収分）

年齢	所得割・均等割 資産割・平等割	医療給付費分	75歳以上 高齢者支援分	介護保険分
0歳〜39歳	均等割	○	○	
	所得割	○	○	
40歳〜64歳	均等割	○	○	○
	所得割	○	○	○
65歳〜74歳	均等割	○	○	
	所得割	○	○	
0歳〜74歳	資産割	○	○	○
	平等割	○	○	○

　表34の○のついたところを計算して、その金額すべてを合計して算出した金額を1世帯の国民健康保険料、介護保険料としてまとめて支払うシステムとなっています。表34の○のついていない後期高齢者や65歳以上の介護保険第1被保険者は、保険料を当事者が各自で支払います。年金受給者であれば、年金から天引きされるシステムとなっています（表35）。

表35　別途徴収される後期高齢者医療制度保険料、65歳以上の
　　　介護保険料

75歳以上	後期高齢者医療制度保険料	年金から天引き
65歳以上	介護第1号被保険者としての介護保険料	年金から天引き

　表34の計算において、資産割、平等割、均等割は、毎年の支払金額に大きな変動はありません。

6 所得税と国民健康保険料（＋介護保険料）は計算式が違う
――国保料が税金より高くなる仕組み

(1) 国民健康保険料＋介護保険料の多い少ないは、所得割の金額で決まる

しかし、この所得割額は、前年の所得の変化により大きく変動します。経営コンサルで、「先生、昨年ちょっと儲かったら、国民健康保険料がすごく高くなりまして」という相談は、この所得割計算の結果によるのです。

国民健康保険料の所得割計算は、基準所得金額に所得割率を乗じて算出します。

所得割の基準所得金額は、加入者それぞれの所得から基礎控除額33万円を控除した額で、次のようにして算出します。

(2) 基準所得額の算出方法

①公的年金等収入がある人（年金所得－基礎控除額33万円）

公的年金収入－公的年金等所得控除額（最低額：65歳未満70万円、65歳以上120万円）－基礎控除額33万円＝**基準所得額**

公的年金等所得控除額の速算式は表36とおりです。

表36　公的年金等所得控除額

受給者の年齢	公的年金等の収入金額の合計額（A）	公的年金等控除額
65歳未満の人	1,300,000円未満	700,000円
	1,300,000円以上　4,100,000円以下	（A）× 25%＋ 375,000円
	4,100,000円超　7,700,000円以下	（A）× 15%＋ 785,000円
	7,700,000円超	（A）× 5%＋ 1,555,000円
65歳以上の人	3,300,000円未満	1,200,000円
	3,300,000円以上　4,100,000年未満	（A）× 25%＋ 375,000円
	4,100,000円以上　7,700,000円未満	（A）× 15%＋ 785,000円
	7,700,000円以上	（A）× 5%＋ 1,555,000円

＊65歳未満であるかの判定は、12月31日の年齢によります。死亡した場合は死亡の日、出国した場合はその出国の時によります。

②給与収入がある人（給与所得－基礎控除額 33 万円）

＊１　勤め先から給与を得ているが、健康保険（協会けんぽ等）に加入していない国民健康保険加入者

＊２　青色専従者も次の計算式で基準所得を算出します。

給与収入－給与所得控除額－基礎控除額 33 万円＝基準所得額

給与所得控除額の速算表は 49 ページ表 8 を参照。

③農業収入がある人（農業所得－基礎控除額 33 万円）

農業収入－必要費用－青色専従者給与額－基礎控除額 33 万円＝基準所得額

④土地建物などの売却収入がある人（譲渡所得－基礎控除額 33 万円）

売却収入金額－必要経費－譲渡所得に係る特別控除額－基礎控除額 33 万円＝基準所得額

＊基礎控除額は 1 人につき 33 万円。

（3）国民健康保険料の所得割計算は、税金の計算よりもシビア

　基準所得金額に乗じる所得割率は、各市町村によって異なりますので、お問い合わせください。この所得割率は、医療給付費分、後期高齢者支援分、介護保険分があります。その所得割率を合計した合計所得割率が現実的な所得割率になります。その合計所得割率は、全国的にみると 9％～ 16％の範囲にあります。

　この合計所得割率を仮に 10％として、A さんの事例で理解していきましょう。

① A さんの国民健康保険所得割額の計算

　A さんの農業収入 1200 万円　必要経費 600 万円　所得割率 10％場合の国保の所得割額を算出します。また、所得控除額の合計額 420 万円ということで、税金計算もおこない、国民健康保険料との比較をしてみます。

- A さんの農業所得

　農業収入 1200 万円－必要経費 600 万円＝農業所得 600 万円

- A さんの国保　所得割額計算

　この農業所得 600 万円から基礎控除額 33 万円を差し引いた金額が A さん

の基準所得額567万円になります。この基準所得額567万円に、合計所得割率10％を乗じると、56万7000円が算出されました。

　農業所得　600万円－基礎控除額33万円＝**基準所得額567万円**

　基準所得額　567万円×所得割率10％＝**所得割額56万7000円**

この56万7000円が国民健康保険料（後期高齢者医療制度支援分および介護保険分を含む）の所得割額になります。この金額に、資産割額、均等割額、平等割額を加えると、1世帯として支払う国民健康保険料負担限度額97万円を超えるでしょう。

いっぽう税金計算はというと、次のようになりました。

② Aさんの税金計算

同じ農業所得600万円から計算しますが、そこから所得控除額420万円（社会保険料控除額、配偶者控除等）を差し引いて、課税所得180万円を算出します。表37の課税所得にかかる実効税率表（所得税率＋住民税の税率）を参照すると、課税所得180万円の実効税率は15％ですから、次の計算方法で課税額27万円が算出されました。

　所得600万円－所得控除額420万円＝**課税所得180万円**

　課税所得180万円×実効税率15％（所得税5％＋住民税10％）＝**税額27万円**

48ページの税額速算表も参照ください。

表37　課税所得の金額段階別にかかる実効税率表（所得税率＋住民税の税率）

課税される所得金額	実効税率	所得税率	住民税率
1,950,000円以下	**15％**	**(5％)**	**(10％)**
1,950,000円を超え　3,300,000円以下	20％	(10％)	(10％)
3,300,000円を超え　6,950,000円以下	30％	(20％)	(10％)
6,950,000円を超え　9,000,000円以下	33％	(23％)	(10％)
9,000,000円を超え　18,000,000円以下	43％	(33％)	(10％)
18,000,000円を超え　40,000,000円以下	50％	(40％)	(10％)
40,000,000円超	55％	(45％)	(10％)

＊所得税と住民税では、課税範囲や所得控除金額の違いがあるため、この表は申告等実務上の計算には使用できませんが、経営判断をする上で概略をつかむためには欠かすことができません。なおこの表については、23ページの注や48ページの税額速算表も参照ください。

ここでよく理解しておかなければならないことは、たとえ所得控除額が600万円で課税所得が0円であっても、国民健康保険料の金額は全く変わらないことです。

　よく質問で「税金はあまり払ってないのに、国民健康保険料はすごく高いのですが、どうなっているのでしょうか」との質問もよく聞きますが、そのときは、

　「国民健康保険料計算の基礎となる基準所得と、税金計算の基礎となる課税所得が全く違うのです。

　どちらも同じ所得から出発しますが、課税所得は、所得から社会保険料や配偶者控除等の所得控除額を控除して算出しますが、国民健康保険料計算における基準所得では、所得から基礎控除額33万円しか控除することができません。

　したがって、国民健康保険での基準所得は課税所得よりもかなり高めになります。その結果、国民健康保険料のほうが税金よりも非常に高くなるのです」
と答えています。

　市町村によっては国民健康保険税として徴収しているところもあります。しっかりと対応することが大切です。

7　国民健康保険料を安くする方法

　国民健康保険料を減額するには、決算書の所得金額を減らすことが一番の近道です。

　決算書の所得金額を減らすといっても、むやみやたらと費用を増やすのはよくありません。かえって資金繰りを悪くします。現状でできることから始めると、次のような対処方法が考えられます。

(1) 青色申告特別控除額65万円を計上する

　白色申告者は、できるだけ青色申告にすることをお勧めします。

　青色申告者になれば、青色申告特別控除を活用し、また、青色専従者給与を認めてもらうこともできます。どちらの方法も国民健康保険料の減額に有効です。

　次の事例で、青色申告特別控除額65万円を計上してどうなるかを確認しま

しょう。

①国民健康保険がこれだけ減額しちゃった

農業収入 1200 万円－必要経費 600 万円－青色申告特別控除 65 万円＝農業所得 535 万円

農業所得 535 万円－基礎控除額 33 万円＝基準所得額 502 万円

基準所得額 502 万円×所得割率 10％＝所得割額 50 万 2000 円

青色申告特別控除 65 万円を計上する前の国保の所得割額が 56 万 7000 円に比べて 6 万 5000 円の減額になりました。この金額は、青色申告特別控除額 65 万円計上により減額した所得金額に所得割率を乗じた金額と同じになります。

青色申告特別控除額 65 万円×所得割率 10％＝国保減額分 6 万 5000 円

これは、所得割率 10％（医療給付費分、高齢者支援分、介護保険分を含む）で計算したものです。

②なんと税金まで減っちゃった

青色申告特別控除の効果はこれだけではなく、税金を減額する効果もあります。決算書の所得が減るということは、課税所得も同じ金額だけ減額します。どれだけ減額されるかについては、前の表36を見ながら理解していきましょう。

税金は所得税と住民税がありますが、それぞれ税額が違います。住民税は課税所得に対して一律 10％ですが、所得税は課税所得が大きいほど税率が高くなります。これら税率を合計したものを実効税率として 121 ページ表 37 にしています。

先の事例では課税所得が 180 万円でしたから、この表 37 からみると、実効税率 15％のラインです。この実効税率 15％のライン上で、青色申告特別控除額 65 万円による課税所得が減額されるのです。したがってその節税効果は、次の計算により 9 万 7500 円になりました。

課税所得減額分 65 万円×実効税率 15％＝減額した課税額 9 万 7500 円

国民健康保険料の減額分 6 万 5000 円と合わせると、16 万 2500 円の持ち出し減になります。

課税所得が 15％ライン上にある場合でこれだけ税金が減額しますが、もし

も課税所得の実効税率30％のライン上にある場合は、なんと税金だけで19万5000円も減額するのです。

　皆様、青色申告農家になり、ちゃんと帳面を付けるだけで（今はパソコン簿記でOK）これだけお得になるのです。まさに知らなきゃ損です。

(2) 配偶者控除より専従者控除——適正な所得配分で、青色専従者給与を増やす（白色申告の人は専従者控除を目いっぱい計上する）

　今からの説明は、白色申告における専従者控除も同じ扱いですから、しっかりと計上していきましょう。青色専従者給与と違うのは、白色専従者控除額は定額ということです。配偶者にかかる専従者給与86万円と、配偶者以外の専従者給与50万円がありますが、いろいろと制約があり満額計上できるわけではありません。でもできるかぎり、目いっぱい計上して所得を減らしてください。

　配偶者控除をやめて白色専従者控除86万円を選択するだけで、国民健康保険料を約8万円減額することも可能です。配偶者控除より専従者控除です。詳しいことは私も著者の一人になっている『新　農家の税金』各年版（農文協刊）を参照して下さい。

①青色専従者給与を増やすと国民健康保険料が減額した

　青色専従者給与を増やすと、その金額だけ農業所得は減額します。そして、その分だけ国保の基準所得と税金の課税所得が減額します。結果的に国民健康保険料と税金が軽減されます。

　「でもそんなことをしたら、青色専従者に国民健康保険料も税金もかかってきますよね」という意見もあります。そのとおりです。

　しかし、専従者給与はその金額そのものが所得になるわけではありません。給与収入から給与所得控除額を差し引いて給与所得が算出されるのです。ということは、給与所得控除額だけ国保の基準所得額が減り、それに対応した国民健康保険料が軽減されるのです。

　Aさんの農業所得600万円の事例で確かめましょう。
　a　Aさんだけの所得の場合の国保の基準所得額
　Aさんだけの農業所得600万円の場合の国保の基準所得は567万円でした

ね。

　　農業所得600万円−基礎控除額33万円＝国保　**基準所得額567万円**

　これを、配偶者または後継者に専従者給与300万円支給すると、その金額だけA氏の農業所得は減額し300万円になります。この場合の基準所得額は次のようになります。

　b　青色専従者給与300万円を支給した場合のAさんと配偶者の国保の基準所得額

　すると、以下の計算式のとおりAさんの国保の基準所得額は567万円から300万円減った267万円になりました。

　　農業所得300万円−基礎控除額33万円＝国保　**基準所得額267万円**

　それに対して、配偶者の基準所得額は以下のとおり159万円増加しました。

　　給与収入300万円−給与所得控除額108万円＝給与所得192万円

　　＊給与所得控除額の算式は49ページの表8参照。

　　給与所得192万円−基礎控除額33万円＝国保　**基準所得額159万円】**

　その結果、Aさんと配偶者の合計基準所得額は426万円になりました。

　　　　　Aさん　　　　　　　配偶者
　　基準所得額267万円＋基準所得額159万円＝**基準所得額426万円**

　Aさんだけの場合の基準所得額が567万円でしたから、その差である基準所得軽減額は下記の計算式のとおり141万円です。

　　aのときの基準所得額567万円−bのときの基準所得額426万円＝**基準所得の軽減額141万円**

　c　国民健康保険料が14万円も減った！

　この基準所得軽減額141万円に所得割率10％を乗じると、国保の所得割額14万1000円が算出されました。この金額だけ国民健康保険料が軽減されたのです。

　　基準所得軽減額141万円×所得割率10％＝**国保保険料軽減額14万1000円**

　国保　基準所得の軽減額141万円は、給与収入300万円に対する給与所得控除108万円と、新たな対象者（この場合配偶者）に対する基礎控除額33万円と合計したものです。新たな専従者を増やし98万円以上の専従者給与を支給すれば、給与所得控除額65万円以上と基礎控除額33万円、合計98万円以上の国保の基準所得額を軽減し、9万8000円以上の国民健康保険料を軽

減することができるのです。

　よく、「税金をほとんど払ってないから、配偶者に専従者給与は払わない」という人がいますが、これは間違いです。税金よりも国民健康保険料です。課税所得よりも、その前の農業所得を減らすことを考えないと国民健康保険料は減りません。いちど自分の経営を見つめ直しましょう。

②やっぱり税金まで減っちゃった

　やはり、1世帯の課税額も減額します。事例で確かめましょう。

　d　Aさんの減税額

　Aさんの農業所得は300万円減額したので、課税所得も300万円減額します。

　仮に農業所得600万円のときの課税所得が300万円の場合、農業所得が300万円減額すると課税所得は0円になります。この場合の減税額を121ページの表37の実効税率表を参考に計算します。この場合、課税所得300万円を表37に基づき分解すると、195万円までは実効税率15％、195万から300万円までの105万円分は実効税率20％なので次のように計算します。

　課税所得195万円×税率15％（所得税5％＋住民税10％）＝減税額29万円2500円（所得税、住民税合計。以下同）

　課税所得105万円（195万円から300万円までの分）×20％＝減税額21万円

　29万円2500円＋21万円＝**税金の軽減額合計50万2500円**

　かくして、Aさんの課税所得300万円減による税金の軽減額は、50万2500円になりました。

　e　配偶者の増税額

　それに対して、青色専従者である配偶者は増税です。

　専従者給与300万円の給与所得は192万円です（49ページの表8「給与所得控除額の速算表」参照）。ここから所得税の基礎控除額38万円を控除すると課税所得は154万円になります。この金額に実効税率15％を乗じると税額23万円1000円が課税されます。この金額が増税になります。

　課税所得154万円×税率15％（所得税5％＋住民税10％）＝税額23万円1000円

f　しかしAさんの世帯の税金額は減額になりました

　Aさんの減税額50万2500円から配偶者の増税額23万円1000円を差し引くと、Aさんの世帯としての税金軽減額は27万1500円になりました。

　125ページの国保保険料14万1000円減と合わせると41万2500円もの税・保険料減となったのです。

　同じ経営で同じ所得でも、ちゃんと記帳をして青色申告特別控除を計上し、適正な所得配分（配偶者にも専従者給与を払う）をするだけで、これだけ実際の実入りが違ってくるのです。

CHAPTER 5　農業者のための労災保険

最初に――農作業中の事故

全国では年間 400 件近い農作業中の死亡事故が起きています。

労災保険を上手に活用すれば、雇用労働者はもちろん、農業経営者や家族従事者も一般労働者と同様の補償を受けることができます。

1　労災保険とは

労働者災害補償保険（労災保険）は、事業所で働く労働者が業務上の事由（または通勤途上）により受けた疾病、負傷やそれによる障害、死亡等に対し、補償をおこなうことにより労働者やその家族を保護することをおもな目的としています。

2　労災保険の適用事業所とは

労災保険は、原則として労働者を 1 人でも雇っていれば、すべての事業所に加入が義務づけられます。つまり、強制適用事業所になります。この事業所は、個人事業所、法人、人格なき社団（みなし法人）を問いません。

3　農業における適用事業所とは

しかし、当分の間、個人経営の農林・畜産・養蚕・水産の事業で、常時 5 人未満の労働者を使用する事業は、適用事業としません（暫定任意適用事業：任意加入はできます）。これを表にすると、次ページ表 38 のようになります。

ただし、上記事業のうち次の 1 ～ 3 の事業（労告 35 号の事業）は危険なため強制適用事業とします。

表38　農業経営体の労災保険その1

法人	個人経営体
従業員1人から強制適用（強制適用事業所）	• 常時従業員4人以下は任意加入（暫定任意適用事業所） • 常時従業員5人以上は強制適用（強制適用事業所）

1. 林業で、常時労働者を使用するものまたは1年以内の期間における使用労働者延べ人員が300人以上であるもの
2. 一定の危険有害な作業を主として行う農業・畜産・養蚕・水産の事業で常時労働者を使用するもの
3. 特定水面以外（主に外洋）の水面で操業する5t以上30t未満の漁船による漁業

　つまり、農業でもコンバイン作業とか、牛等の危険な作業を主として行う作業に労働者を従事させる場合は、労働者の人数が1人でも労災保険に加入しなければなりません。

　これも含めて表にすると、表39のようになります。

表39　農業経営体の労災保険その2

法人	個人経営体	
従業員1人から強制適用（強制適用事業所）	一定の危険有害な作業を主として行う事業体等	左記以外の個人経営体
	• 従業員1人から強制適用（強制適用事業所）	• 常時従業員4人以下は任意加入（暫定任意適用事業所） • 常時従業員5人以上は強制適用（強制適用事業所）

　また、民法上の任意の組合（共同事業体）の場合は、構成員（出資者）との間に雇用被雇用の関係が成立しないので、労災保険の対象事業とはなりえず、構成員の作業上通勤上の傷病に対しては、個別の健康保険、民間保険、自動車保険等各種保険で対応せざるをえません。つまり、構成員にとっては民法上の任意の組合（共同事業体）は労災保険の適用事業所になりえないのです。

　しかし、民法上の任意の組合（共同事業体）と構成員（構成員の家族も含む）以外の労働者に対しては、雇用関係が成立しますので、適用事業所として労災保険に加入しなければなりません。

　同じく、確定給与を支給しない農事組合法人は、構成員（組合員）との間に

雇用関係が成立しないため、構成員（組合員）の作業上通勤上の傷病に対しては、個別の健康保険、民間保険、自動車保険等各種保険で対応せざるをえませんので注意してください。

4 労災保険に保護される者

　労災保険の加入は事業所ごとに行いますので、被保険者という概念はありません。ここにおける労働者は、保護の対象つまり労災保険適用労働者ということになります。当然、適用事業所に勤務している労働者であれば、労災保険の保護の対象となります。労災保険の加入の可否要件は、事業規模要件ではなく雇用関係の有無について問われます。この保険は、労働者自身が加入届出をするものではありません。事業主が、事業所単位で加入するものであり、労働者は保険に加入している事業所に勤務することにより、自動的に労災保険の適用労働者になります。この労働者には、正社員だけではなく、パートタイマーやアルバイト、日雇労働者なども含まれ、雇用形態に関係なく、雇用関係が明らかであれば適用されます。

　逆に、取締役や理事等の業務執行権を持つものについては、労働者とみなされず、適用は受けられません（実質的な業務執行権を持たない、一般労働者と同じように働く役員等については労災保険の適用労働者（保護の対象）になることができます）。

> ●コンサルでよく誤解されることのひとつ
>
> 　労災保険は個人名で加入するものではありません。
> 　コンサルをしていると、労災保険は労働者一人ひとりに掛けるものと勘違いをされる方が多いのでびっくりしています。一般の労災保険は、労働者の個人名で加入するわけではありません。この労災保険は事業所単位で加入するので、雇用関係が結ばれたときから労災保険の適用労働者（保護の対象）となります。これから１年間この事業体で働く人および働く人であろう未来の労働者も含めて、事業体に関わる労働者すべてを対象として適用される保険なのです。

　民法上の任意の組合（共同事業体）と、その構成員および構成員の家族との間には雇用関係がありませんから、労災保険の適用労働者（保護の対象）にな

ることはできません。

　確定給与を支給しない農事組合法人は、構成員（組合員）との間に雇用関係が成立しないため、構成員（組合員）は労災保険の適用労働者（保護の対象）になることはできません。

　また、農業者等の個人事業主も労働者でないため、労災保険に加入することができません。

　上記の労災保険の適用労働者（保護の対象）になれなかった者については、労災保険に特別加入（個人名で加入）する方法があります。

> **Q　家族のみで事業をしていますが、労災保険が適用されるのでしょうか。**
>
> 　A　同居の親族は、原則として労災保険上の「労働者」としては取り扱いませんが、同居の親族であっても、常時同居の親族以外の労働者を使用する事業において、一般事務または現場作業等に従事し、かつ、次の要件を満たすものは労災保険法上の労働者として取り扱います。
> 　1．業務を行うにつき、事業主の指揮命令に従っていることが明確であること。
> 　2．就労の実態が当該事業場における他の労働者と同様であり、賃金もそれに応じて支払われていること。とくに、(1) 始業・終業の時刻、休憩時間、休日、休暇等、(2) 賃金の決定、計算および支払の方法、賃金の締切り日及び支払の時期等について、就業規則その他これに準ずるものに定めるところにより、その管理が他の労働者と同様になされていること。

5　農業者も労災保険に加入できるのです。ただし特別加入です

　今までの説明は、雇用される労働者だけが労災保険に加入ができるという話でしたが、それでは、そこから外れた農業者やその家族労働者そして農業法人の役員はどうすればよいのでしょうか。

　労災保険は、事業主に雇用され賃金を受けている方、すなわち労働基準法でいう労働者を対象として、業務上の事由による災害や通勤途上における災害に対する保護を目的とする制度ですので、事業主、自営業者、家族従事者などの労働者以外の方は対象となりません。

　しかし、上記事業主等でも一般労働者と同じように働いている場合、業務上の事由による災害や通勤途上における災害の発生状況からみて危険度は同じであり、それらの方を保護することは必要であると考えられています。

そこで、中小事業主、自営業者、家族従事者、一人親方の方々のうち、一定の者に対して特別に労災保険の任意加入を認めているのが、次の特別加入の制度です。

6 農業者も労災保険に特別加入できる制度が3つあります

［特別加入制度］
　　ⅰ　特定農作業従事者
畜産農家・果樹農家・専業農家へお勧めです。
　　ⅱ　指定農業機械作業従事者
農作業受託農家、農業機械を使用される農家へお勧めです。
　　ⅲ　中小事業主等
雇用のある農業経営者へお勧めです。
　一般的な労災保険は労働者の氏名は関係ありませんが、この特別加入制度は、個人名で加入する手続きを行わなければなりません。

（1）特定農作業従事者
　この特定農作業従事者という労災保険特別加入制度は、畜産農家・果樹農家・専業農家へお勧めです。

●補償対象作業
　土地の耕作・開墾、植物の栽培・採取、家畜・蚕の飼育の作業で次に掲げるもの。
　①動力により駆動する機械を使用する作業
　②高さが2m以上の箇所における作業
　③サイロ、むろ等、酸欠危険場所における作業
　④農薬散布の作業
　⑤牛・馬・豚に接触し、またはそのおそれのある作業
　⑥上記作業に密接不可分に付随する準備・後始末作業

●加入資格および条件

①経営耕地面積2ha以上または年間農畜産物販売金額300万円以上の自営農業者（家族従事者等含む）、または地域営農集団の構成農家で組織全体で上記の条件を満たす農家ということになっています。

②労働保険の事務処理を労働保険事務組合に委託していること。

（2）指定農業機械作業従事者

この指定農業機械作業従事者という労災保険特別加入制度は、農作業受託農家、農業機械を使用される農家へお勧めです。

●補償対象作業

土地の耕作・開墾、植物の栽培・採取の作業であって、指定農業機械を使用する作業およびこれに直接付帯する作業。

　＊指定農業機械とは
　　　動力耕うん機その他の農業用トラクター、動力溝掘機、自走式田植機。
　　　自走式スピードスプレーヤーその他の自走式防除機。
　　　自走式動力刈取機、コンバインその他の自走式収穫機、トラックその他自走式運搬機。
　　　動力揚水機、動力草刈機、動力カッター、動力摘採機、動力脱穀機、動力剪定機、動力剪枝機、チェーンソー、単軌条式運搬機、コンベヤー、無人ヘリコプター。

●加入資格および条件

①自営農業者（労働者以外の家族従事者等含む）。

②労働保険の事務処理を労働保険事務組合に委託していること。

（3）中小事業主等

この中小事業主等という労災保険特別加入制度は、労働者を雇用している農業経営者にお勧めです。

●補償対象作業

労働者に対して決められた所定労働時間内、労働者の時間外・休日労働に応

じてする農作業時（準備・後始末作業含む）、通勤時の事故や疾病。

●加入資格および条件

年間100日以上労働者を使用することが見込まれる事業主および労働者以外でその事業に従事する者。また以下の2つの要件を満たすことが必要です
①雇用する労働者についての労働保険関係が成立していること
②労働保険の事務処理を労働保険事務組合に委託していること

> ＊中小事業主等とは常時300人以下の労働者を使用する事業の事業主、および労働者以外で当該事業に従事する方（事業主（農業者も含む）の家族従事者や役員等）をいいます。

7 特別加入の最大のハードルは「労働保険事務組合」があるかどうかです

特別加入する条件として「労働保険の事務処理を労働保険事務組合に委託していること」があげられます。

というのは、特定作業従事者（特定農作業従事者・指定農業機械作業従事者）としての加入要件を満たす方が特別加入する場合、特定作業従事者の労働保険事務組合を単位として加入することになるからです。特定作業従事者の団体である労働保険事務組合は、所轄の労働基準監督署長を経由して都道府県労働局長に対して「特別加入申込書」を提出し、承認を受ける必要があります。

残念ながら、この労働保険事務組合は初めからあるものではなく、同じ特別加入制度に賛同する者が集まり設立していくものになります。JAによっては全面バックアップ体制を敷いている事例もありますが、なかなか全体には行き渡っていないというのが現状です。

このなかで、中小事業主等の特別加入する場合の労働保険事務組合については、中小事業主等に対する労働保険事務組合として認可を受けている団体には、おもに商工会、社会保険労務士事務委託組合などがあり、雇用関係が成立する限りにおいてそのハードルは低いといえます。個人または法人化した農業者で労働者を雇用した場合のほとんどは、これらの労働保険事務組合を活用して、中小事業主等として加入をしています。

*特定作業従事者の団体(労働保険事務組合)について

　　特定作業従事者の特別加入については、特定作業従事者の団体を事業主、特定作業従事者を労働者と見なして労災保険の適用を行うこととなりますが、この特定作業従事者の団体として認められるためには、労働保険事務を確実に処理する能力を有する等のいくつかの要件を満たすことが必要です。

　　この場合、指定農業機械作業従事者の団体と特定農作業従事者の団体は、それぞれ別々の団体としてつくらなければなりません。

　指定農業機械作業従事者の所属する特別加入団体は、多くのＪＡ組織が事務窓口となって組織され認められています。しかし、特定農作業従事者が所属する特別加入団体は、あまり組織されていないというのが現状です。

　指定農業機械作業従事者の所属する特別加入団体と、特定農作業従事者の所属する特別加入団体とは、別の特別加入団体です。

　したがって、特定農作業従事者として労災保険特別加入者になるために、あらたに特定農作業従事者の所属する特別加入団体をつくり、その団体を労働基準監督署に認めてもらわなければなりません。

　この特定農作業従事者の特別加入団体は、酪農経営、和牛経営、土地利用型農業、野菜経営、果樹経営等の品目は問わず、危険な農作業を行う農業者を1つの範疇にしてつくられる団体です。

　こういった特別加入団体をＪＡが窓口となって組織化してくれればよいのですが、農家側においても、知識もまとまりもない状態で、特定農作業従事者として労災保険に加入することのできる団体はあまり育っていないのが現状です。

　しかし、しっかりした産地があるのであれば、ＪＡと一緒になって労働保険事務組合を設立して、専業農家が安心して農業に専念できる体制ができてもよいのではないかと考えています。

　特定農作業従事者として労災保険に加入することのできる団体を、商工会等が窓口となってつくり、その団体の事務を行っても問題はありません。しかしその場合は、商工会の会員になり事務手数料も支払わなければなりません。またある程度(10人以上は欲しい)の人数を集める必要もあります。

　ハードル高いですよね。

表40 農業者の労災保険加入の可否

				労災保険A、B、Cいずれかを選択			
給与所得基準				A 一般の労災保険	農業労災特別加入制度		
				雇用者	事業主・役員	・事業主が農業労災特別加入制度に加入すると、たとえ5人未満の暫定任意適用事業所であっても、雇用者については一般の労災保険強制加入となります	
				労災保険	中小事業主等による特別加入	B 指定農業機械作業従事者の特別加入	C 特定農作業従事者の特別加入
					・雇用者がいないと加入できない ・労働保険事務組合が必要 ・個人名で加入	・労働保険事務組合が必要 ・個人名で加入	・労働保険事務組合が必要 ・個人名で加入
専業農家または家族の所得の大半が農業所得である家族労作経営生計を一にする家族	生計を一にする家族	事業主	事業所得（農業所得）	×	○	○	○
		配偶者	給与所得（専従者給与）	×	○	○	○
		後継者	給与所得（専従者給与）	×	○	○	○
	外部雇用者、または生計を一にしない親族		給与所得	○*1	×	一般の労災保険に強制加入 ○*2	一般の労災保険に強制加入 ○*2

*1 家族以外の他人の従業員が1人でもいたら加入手続きは義務付けされておりますが、常時従業員が5人未満の個人経営の農業・水産業は暫定任意適用事業所になります。
　　ただし、危険な作業を伴う農業については、強制加入となります。

*2 事業主等が指定農業機械作業従事者または特定農作業従事者として特別加入している場合は、事業体は強制適用事業所となり労働者を1人でも雇用する場合は、事業主は雇用労働者のために一般の労災保険加入が義務付けされます（強制加入）。

8 特定農作業従事者、指定農業機械作業従事者として特別加入する者が労働者を雇用したとき

特定農作業従事者、指定農業機械作業従事者として特別加入する者が労働者を雇用したときは、特別加入のほかに事業所として労災保険に加入しなければなりません。この場合には、労働者が1人でも労災保険強制適用事業所となり、暫定任意適用事業所には該当しなくなりますので注意してください。

これらの内容と家族労働者との関係を表にすると前ページ表40のようになります。

9 労災保険料と税金

労災保険料は、事業主が100％支払います。労働者が支払う金額はありません。

この労働者に対する労災保険料は、全額必要経費として決算書に記載されます。また法人の場合は法定福利費として損金扱いとなります。しかし本人や家族の特別加入の労災保険料は、確定申告時に年金や健康保険料と同様に社会保険料控除として所得控除されます。特別加入の労災保険料は、特別加入者本人が支払うこととなります。

労災保険料は毎年度（4/1〜翌3/31）の初めに概算額を納付し、年度終了後、翌年度の初めに保険料の確定額と納めた概算額との差額を精算します。

保険料額は、「給料の額×業種ごとに定められた保険料率」により算出します。

（1）労災保険料率（平成30年度）

労災保険料率は平成30年度現在、表41のとおりになっています。

表41 労災保険料率

種別	労災保険料率
労働者	農業　13／1,000　＊林業　60／1,000　食料品製造業　6／1,000
中小事業主等の特別加入者	
指定農業機械作業従事者の特別加入者	3／1,000
特定農作業従事者の特別加入者	9／1,000

(2) 労災保険料の算出
①労働者の計算

保険料額は、「給料の額×業種ごとに定められた保険料率」により算出します。

農業事業体の労働者に対する年間賃金総額が 1000 万円と予測したときの労災保険料は、次のようになります。

賃金総額×保険料率＝労災保険料

1000 万円× 13 ／ 1000 ＝ 13 万円

②事業主等、特定農作業従事者および指定農業機械作業従事者の計算

事業主等、特定作業従事者等の特別加入者は、給付基礎日額から導き出され

表42　給付基礎日額・保険料一覧表

給付基礎日額 A	保険料算定基礎額 B＝A × 365 日	年間保険料		
		特定農作業従事者 B × 9 ／ 1000	指定農業機械作業従事者 B × 3 ／ 1000	中小事業主等 B × 13 ／ 1000
25,000 円	9,125,000 円	82,125 円	27,375 円	118,625 円
24,000 円	8,760,000 円	78,840 円	26,280 円	113,880 円
22,000 円	8,030,000 円	72,270 円	24,090 円	104,390 円
20,000 円	7,300,000 円	65,700 円	21,900 円	94,900 円
18,000 円	6,570,000 円	59,130 円	19,710 円	85,410 円
16,000 円	5,840,000 円	52,560 円	17,520 円	75,920 円
14,000 円	5,110,000 円	45,990 円	15,330 円	66,430 円
12,000 円	4,380,000 円	39,420 円	13,140 円	56,940 円
10,000 円	3,650,000 円	32,850 円	10,950 円	47,450 円
9,000 円	3,285,000 円	29,565 円	9,855 円	42,705 円
8,000 円	2,920,000 円	26,280 円	8,760 円	37,960 円
7,000 円	2,555,000 円	22,995 円	7,665 円	33,215 円
6,000 円	2,190,000 円	19,710 円	6,570 円	28,470 円
5,000 円	1,825,000 円	16,425 円	5,475 円	23,725 円
4,000 円	1,460,000 円	13,140 円	4,380 円	18,980 円
3,500 円	1,277,500 円	11,497 円	3,832 円	16,607 円

た保険料算定基礎額に保険料率を乗じて算出します（前ページ表42）。この給付基礎日額は、労災保険の給付額を算定する基礎となるもので、事業主等の特別加入者で選択することができます。

特別加入者は、所得水準に見合った適正な額（3500円から2万5000円の間で選択）を申請して、承認された額が給付基礎日額となります。

＊支払った本人や家族の特別加入の労災保険料は、確定申告時に年金や健康保険料と同様に「社会保険料控除」として処理することができます。

10　労災保険の7つの補償の内容

労災保険は、労災事故に基づく補償として、表43の7つの労災給付を行います。

表43　労災保険の7つの補償の内容

種類	内容
療養（補償）給付	必要な治療が自己負担なしで受けられます。
休業（補償）給付	休業4日目以降、休業1日につき給付基礎日額の80％相当額が支給されます。
傷病（補償）年金	傷病等級に応じた額が支給されます。
障害（補償）給付	障害の程度に応じた年金または一時金が支給されます。
遺族（補償）給付	遺族人数に応じた遺族年金または遺族一時金が支給されます。
葬祭料・葬祭給付	基礎日額に応じた額が支給されます。
介護（補償）給付	障害（補償）年金または傷病（補償）年金を受給している方のうち一定の障害の方で介護を受けている方に支給されます。

11　労災給付

（1）労災給付の要素──「給付基礎日額」、「算定基礎日額」、社会復帰促進等事業としての「特別支給金」

142～143ページの表44に労災保険給付等一覧を掲載しましたので参考にしてください。

● 算定基礎日額

「算定基礎日額」は、ボーナスが支給される事業体で働く労働者の場合、そのボーナス支給総額を 365 日で割って得た額です。ただしそのボーナス総支給額は 150 万円を超えず、かつ、算定基礎日額は給付基礎日額の 20％を超えない金額となります。
この項では、理解促進のため概略説明だけにさせていただきます。

　労災保険では、「給付基礎日額の〇〇日分」、「算定基礎日額の〇〇日分」という言葉がよく出てきます。その保険給付の金額を計算するときに基準となるのが「給付基礎日額」と「算定基礎日額」です。
　「給付基礎日額」は、給与をベースに算出されます。
　「算定基礎日額」は、ボーナス（賞与）をベースに算出します。
　「給付基礎日額」についての説明は、次項（2）の給付基礎日額と最低保証額の項で説明します。

（2）給付基礎日額

　給付基礎日額とは、労災保険の給付額を算定する基礎となるものです。
　労災保険の給付では、"給付基礎日額の〜％支給" といった内容で支給されることが多いです。この「給付基礎日額」とは、労働基準法における「平均賃金」に相当するものとなりますが、平均賃金の計算を知らないとわかりませんね。そして、労災保険の給付は、療養（補償）給付・介護（補償）給付および葬祭料（葬祭給付）の定額部分を除き給付基礎日額を基に算定されます。

①労働者の給付基礎日額

　給付基礎日額は、原則として災害が発生した日以前 3 カ月間に被災労働者に支払われた賃金の総額をその期間の総日数（暦の日数）で割った額です。

$$給付基礎日額 = \frac{直前の 3 カ月間の総賃金}{直前の 3 カ月間の総日数}$$

　ここで注意点としては、総日数は休日も含めた暦日で、総労働日数ではありません。
　なお、その額を給付基礎日額とすることが適当でないと認められるとき、例えば最低保障額として定められた額（自動変更対象額）に満たない場合は、最

表44　労災保険給付等一覧

保険給付の種類		こういうときは	保険給付の内容	特別支給金の内容
療養（補償）給付		業務災害または通勤災害による傷病により療養するとき（労災病院や労災指定医療機関等で療養を受けるとき）	必要な療養の給付	―
		業務災害または通勤災害による傷病により療養するとき（労災病院や労災指定医療機関等以外で療養を受けるとき）	必要な療養費の全額	―
休業（補償）給付		業務災害または通勤災害による傷病の療養のため労働することができず、賃金を受けられないとき	休業4日目から、休業1日につき給付基礎日額の60％相当額	［休業特別支給金］休業4日目から、休業1日につき給付基礎日額の20％相当額
障害（補償）給付	障害（補償）年金	業務災害または通勤災害による傷病が治った後に障害等級第1級から第7級までに該当する障害が残ったとき	障害の程度に応じ、給付基礎日額の313日分から131日分の年金	［障害特別支給金］障害の程度に応じ、3,420,000円から1,590,000円までの一時金 ［障害特別年金］障害の程度に応じ、算定基礎日額の313日分から131日分の年金
	障害（補償）一時金	業務災害または通勤災害による傷病が治った後に障害等級第8級から第14級までに該当する障害が残ったとき	障害の程度に応じ、給付基礎日額の503日分から56日分の一時金	［障害特別支給金］障害の程度に応じ、650,000円から80,000円までの一時金 ［障害特別一時金］障害の程度に応じ、算定基礎日額の503日分から56日分の一時金
遺族（補償）給付	遺族（補償）年金	業務災害または通勤災害により死亡したとき	遺族の数等に応じ、給付基礎日額の245日分から153日分の年金	［遺族特別支給金］遺族の数にかかわらず、一律3,000,000円 ［遺族特別年金］遺族の数等に応じ、算定基礎日額の245日分から153日分の年金
	遺族（補償）一時金	(1) 遺族（補償）年金を受け得る遺族がないとき (2) 遺族補償年金を受けている方が失権し、かつ、他に遺族（補償）年金を受け得る者がない場合であって、すでに支給された年金の合計額が給付基礎日額の1000日分に満たないとき	給付基礎日額の1,000日分の一時金（ただし、(2)の場合は、すでに支給した年金の合計額を差し引いた額）	［遺族特別支給金］遺族の数にかかわらず、一律3,000,000円 ［遺族特別一時金］算定基礎日額の1000日分の一時金（ただし、(2)の場合は、すでに支給した特別年金の合計額を差し引いた額）

保険給付の種類	こういうときは	保険給付の内容	特別支給金の内容
葬祭料 葬祭給付	業務災害または通勤災害により死亡した方の葬祭を行うとき	315,000円に給付基礎日額の30日分を加えた額（その額が給付基礎日額の60日分に満たない場合は、給付基礎日額の60日分）	ー
傷病（補償）年金	業務災害または通勤災害による傷病が療養開始後1年6ヶ月を経過した日または同日後において次の各号のいずれにも該当することとなったとき (1) 傷病が治っていないこと (2) 傷病による障害の程度が傷病等級に該当すること	障害の程度に応じ、給付基礎日額の313日分から245日分の年金	[傷病特別支給金] 障害の程度により1,140,000円から1,000,000円までの一時金 [傷病特別年金] 障害の程度により算定基礎日額の313日分から245日分の年金
介護（補償）給付	障害（補償）年金または傷病（補償）年金受給者のうち第1級の者または第2級の者（精神神経の障害及び胸腹部臓器の障害の者）であって、現に介護を受けているとき	常時介護の場合は、介護の費用として支出した額（ただし、105,130円を上限とする）。 ただし、親族等により介護を受けており介護費用を支出していないか、支出した額が57,110円を下回る場合は57,110円。随時介護の場合は、介護の費用として支出した額（ただし、52,570円を上限とする）。 ただし、親族等により介護を受けており介護費用を支出していないか、支出した額が28,560円を下回る場合は28,560円。	ー
二次健康診断等給付	定期健康診断等の結果、脳・心臓疾患に関連する一定の項目について異常の所見があるとき	二次健康診断および特定保健指導	ー

低保障額を給付基礎日額とします。

　平成29年8月1日から平成30年7月31日までの期間に支給される労災年金給付等に係る給付基礎日額の年齢階層別最低・最高限度額は、表45のとおりです。

表45　年齢階層別の給付基礎日額の最低・最高限度額

年齢階層	最低限度額	最高限度額
20歳未満	4,741円	13,264円
20～24歳	5,369円	13,264円
25～29歳	5,958円	14,234円
30～34歳	6,295円	17,327円
35～39歳	6,663円	19,257円
40～44歳	6,916円	21,361円
45～49歳	7,009円	23,869円
50～54歳	6,802円	25,219円
55～59歳	5,304円	24,822円
60～64歳	5,134円	19,696円
65～69歳	3,920円	15,268円
70歳以上	3,920円	13,264円

②事業主等、特定作業従事者等の給付基礎日額

　事業主等、特定作業従事者等の特別加入者の場合は、労災保険料の算出のときに決めた給付基礎日額で決定します。

③日雇労働者の平均賃金

　日雇労働者の平均賃金については、平均賃金の算定事由が生じた日前1カ月間に、その災害の発生した事業場に使用された期間がある場合には、その期間中に支払われた賃金の総額を、その期間中にその事業場で労働した日数で除した金額の73％とするなど、特別な計算方法が定められています。

④労災給付の体系

　給付基礎日額を基礎にして算出された労災給付の体系は、図19のとおりです。

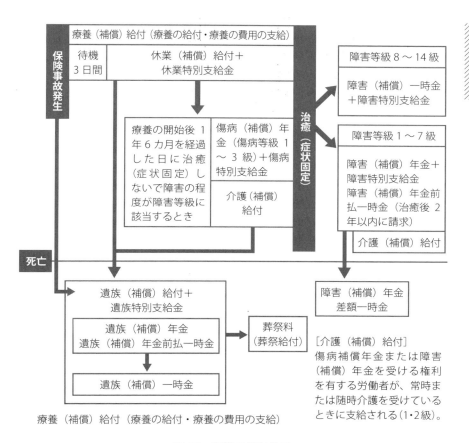

図19　労災の給付体系

　理解促進のため、ボーナス（賞与）をベースに算出された「算定基礎日額」を基礎にして算出される特別年金および特別一時金についてはこの体系図から省いています。

12　労災保険料の計算実務

　以下の4つを条件にした事例とします。
- 事業主等は、農業者とその配偶者（農業従事者）で、パート労働者を雇用。
- パート労働者（46歳）の労働日数：年間100日以上　年間給与：80万円。

- パート労働者に対するボーナス等の特別給与はなし。
- 労働者は労災保険に、事業主は事業主等として労災保険に特別加入。

①労災保険料の計算過程
［労働者の労災保険料］
全労働者に支払った賃金総額（賞与等含めた支給総額）×労災保険率
［事業主等の特別加入者の労災保険料］
給付基礎日額×365日×労災保険率

②労災保険料の算出
例）給付基礎日額を5000円、配偶者と2人で加入する場合の年間労災保険料
　［事業主等の計算］
　　　　　　　　給付基礎日額　　　　労災保険率　　特別加入の労災保険料
1万円（5000円×2人分）365日× 13／1000 ＝ 4万7450円
　［労働者の計算］
　　賃金総額　　保険料率　　労災保険料
80万円× 13／1000 ＝ 1万400円

［事務委託組合］	3万5000円
［社会保険労務士手続き、報酬］	3万5000円
合計額	12万7850円

13　労災保険未加入中の労災事故の対応について

　農作業中に事故が起きて怪我をしてしまい労災保険を使いたいが、事業主が労災保険に未加入のことがあります。
　パートやアルバイトを雇用しても、個人の農業は労災保険の強制適用事業所でないといって、労災保険に加入しない農家の方も多いのですが、危険な作業（農薬散布や機械作業、牛等の家畜の管理等）をさせる場合には、必ず労災保険に加入しなければなりません。
　というのは、暫定任意適用事業所であっても、「一定の危険有害な作業を主

として行う農業・畜産・養蚕・水産の事業で常時労働者を使用するもの」等の作業をさせる場合には、強制適用事業所になり労災保険加入の義務付けされているからです。

（1）労災保険未加入のときに、労災事故が発生したらどうなるの？

事業主が労災保険に未加入の場合でも、労働基準監督署で所定の手続きを行い、労災（業務災害・通勤災害）の認定を受けたときには、通常どおり労災保険からの支給がなされます。

ただし、事業主が労働者死傷病報告を労働基準監督署長に届出しない場合には休業補償給付を受けられないとされています。

（2）事業主からの費用徴収

事業主が労災保険の加入手続を怠っていた期間中に労災事故が発生した場合には、遡って保険料が徴収されます。このほか、事業主が故意に労災保険の加入手続きを行っていないと認められた場合には、労災保険から給付を受けた金額の100％が事業主から徴収され、事業主が重大な過失で加入手続きを行っていないと認められた場合には、労災保険から給付を受けた金額の40％が、事業主から徴収されます。

本当に気を付けましょう。

（3）暫定任意適用事業所で労災保険未加入中の労災事故の対応
　　⇒　救済措置がある

個人農家で常時従業員5人未満の暫定適用事業所の場合、労災保険は未加入の実態がほとんどです。こういった労災保険未加入の個人農家で働く労働者が労災事故を起こした場合はどうなるのでしょうか。

ただし、この場合でも、労働基準法75条から84条の適用はあるため、労災保険関係が成立していない個人農業の労働者が業務上被災した場合は、使用者が無過失であっても、使用者に災害補償義務が課せられます。

このような場合に自力での災害補償が履行できない事業主のために、事故発生後に後追いで暫定任意適用の保険関係を成立させ、保険関係成立前の事故について労災保険が保険給付する制度があります。

つまり、労働者保護の観点から、災害が生じた後に任意加入をすれば労働者に対して保険給付を行うということです。したがって、暫定任意適用事業に対する特別な措置であるとお考えください。

　しかし、このような保険給付が行われた場合、保険関係成立以前に保険料を納付していない事業主の雇用する労働者への保険給付は、他の通常に保険料を納付し続けている事業主との間で不公平感が生じることになります。このため、当該事業主には当該保険給付に係る特別保険料を通常の保険料の他に納付するようにしています。

　なお、事業主は、この特別保険料を厚生労働省令で定める期間、納付することになりますので、この特別保険料の徴収期間中は保険関係を消滅することはできません。

　ちょっとほっとしますが、暫定任意適用事業所であるほとんどの農家の方もパートを雇うこともあるかと思いますが、こういった知識を知っていくことも経営と家族を守っていくことになるのではないかと考えています。

　これも知らなきゃ大損です。

CHAPTER 6　雇用保険

1　雇用保険とは

　雇用保険とは、労働者が失業した場合に生活を一定期間保障する失業給付だけでなく、失業防止、能力開発、雇用福祉なども見据えた保険制度で、それまでの失業保険制度を発展解消する形で 1975 年から実施されています。

2　雇用保険の適用事業は

　雇用保険の適用事業とは、労働者が雇用される事業をいいます。したがって、労働者が雇用される事業は、業種のいかんを問わずすべて適用事業となります。

　ただし農林水産の事業のうち一部の事業は、当分の間、任意適用事業（暫定任意適用事業）とされます。ただし農業であっても法人は強制適用事業所となります（表 46 参照）。

●暫定任意適用事業とは

　下記に掲げる農林水産の事業であって、常時 5 人未満の労働者を雇用する**個人経営の事業**です。
- 土地の耕作もしくは開墾または植物の栽植、栽培、採取もしくは伐採の事業その他農林の事業（いわゆる農業、林業と称せられるすべての事業）
- 動物の飼育または水産動植物の採捕もしくは養殖の事業その他畜産、養蚕ま

表 46　農業経営体別の適用雇用保険

法人	個人経営体	
従業員 1 人から強制適用（強制適用事業所）	常時従業員 4 人以下は任意加入（暫定任意適用事業所）	常時従業員 5 人以上は強制適用（強制適用事業所）

たは水産の事業

3　雇用保険の加入条件

　雇用される労働者は、常用・パート・アルバイト・派遣等、名称や雇用形態にかかわらず、
　①1週間の所定労働時間が20時間以上であり、
　②31日以上の雇用見込みがある場合には、原則として被保険者となります。
雇用保険の被保険者の種類は、次のとおりです。

(1) 一般被保険者（65歳未満）

　短時間被保険者も含みます。高年齢被保険者、短期雇用特例被保険者、日雇労働被保険者以外のものです。
　短時間以外と短時間被保険者に区分されます。
　［短時間以外労働者］当然雇用保険の一般被保険者になります。
　［短時間労働者］短時間労働者とは、例えば、アルバイト労働者やパート労働者のことを言います。
　アルバイトやパートである場合、原則的には、被保険者ではありません。しかし、短時間労働者でも、以下の場合、雇用保険の一般被保険者になります。
　ⅰ　31日以上雇用される見込みがあること
　ⅱ　1週間の所定労働時間が20時間以上

(2) 高年齢被保険者

　高年齢被保険者とは、65歳以上の被保険者であって、短期雇用特例被保険者や日雇労働被保険者とならない方をいいます。平成29年1月1日の法改正前は「高年齢継続被保険者」と呼び、65歳になる前の時点から継続雇用されている人しか加入することができませんでしたが、法改正後は、継続の有無にかかわらず「1週間の所定労働時間が20時間以上、31日以上の雇用見込み」という加入条件が満たされていれば、新規でも雇用保険に加入できるようになりました。

（3）短期雇用特例被保険者

　季節的業務に期間を定めて雇用される人、または、季節的に入離職する人（出稼ぎ等）、あるいは1年未満の短期の雇用を繰り返す人で、日雇被保険者を除いた人は、短期雇用特例被保険者として雇用保険に加入することになります。65歳以上の人も含みます。

　短期雇用特例被保険者には、2種類あります。

　①季節的に雇用される方

　以下の2つの要件を満たしている方です。

- 雇用期間が4カ月以上
- 労働時間が週30時間以上

　季節的に雇用される方、というのは、冬の間だけ出稼ぎをする方のことなどをいいます。

　②短期間の雇用に就くことを状態としている方

　以下の2つの要件を満たしている方です。

- 1年未満の雇用契約を繰り返している（異なる会社）
- これからも1年未満の雇用契約を繰り返す予定

（4）日雇労働被保険者

　日々または30日以内の期間を定めて雇用される人で、適用区域内に居住している者、または適用区域内の事業所に雇用されるものです。

　なお、同一事業主に2か月の各月において、18日以上雇用された場合には、その翌日の最初の日から一般被保険者、高年齢被保険者または短期雇用特例被保険者となります。

4　雇用保険の被保険者にならない者

　3の雇用保険の加入条件を満たさない人は雇用保険の被保険者になることはできません。その他、雇用保険の被保険者にならない事例を掲げておきますので注意しましょう。

　①法人の代表者：個人事業の事業主や法人の代表取締役は被保険者となりません。

②株式会社の取締役や監査役：取締役や監査役は委任関係にあるため、被保険者とはなりません。

ただし取締役であっても、会社の部長職や支店長等の従業員としての賃金や就労実態等から労働者性が強く雇用関係にある者は兼務役員として被保険者になれます。

③合名合資会社の無限責任社員、合同会社の代表社員

④協同組合、農業協同組合、農事組合法人などの役員

⑤事業主と同居の親族：事業主の同居の親族は原則として被保険者にはなりません。ただし、事業主の指揮命令下にあり就労実態や賃金が他の労働者と同様で事業主と利益を共有する地位（取締役等）になければ被保険者になれます。

> ●大注意！！！
>
> 　出稼ぎで短期雇用特例被保険者として雇用保険に加入し、春になったらふるさとで農事組合員の役員として農業に従事する例もあるかと思いますが、この場合は雇用保険の失業給付を受けることができませんので注意してください。
> 　そもそも、農事組合の役員は、たとえ報酬が０円でも雇用保険に加入することができません。もちろん短期雇用特例被保険者としてもです。見つかれば返還も余儀なくされるので対処が必要です。

5　雇用保険料率

雇用保険料は、一部を労働者である被保険者が負担し、残りを事業主が負担します。

保険料の額は、事業の種類によって次ページ表47のように異なります。

＊園芸サービス、牛馬の育成、酪農、養鶏、養豚、内水面養殖および特定の船員を雇用する事業については一般の事業の率が適用されます。

6　雇用保険の失業給付

雇用保険の失業給付とは会社を退職した際に受け取れる保険のことです。
年齢によってその呼び名と支給内容が異なりますので注意が必要です。

表47　雇用保険率表（平成30年度）

事業の種類	①労働者負担	②事業主負担率	①＋②雇用保険料率
一般の事業と園芸サービス 牛馬の育成 酪農、養鶏、養豚 内水面養殖	3／1,000	6／1,000	9／1,000
農林水産 清酒製造の事業	4／1,000	7／1,000	11／1,000
建設の事業	4／1,000	8／1,000	12／1,000

- 65歳未満の方は「基本手当」
- 65歳以上の方は「高年齢求職者給付金」

(1) 基本手当とは

基本手当とは、65歳未満の雇用保険の被保険者の方が、定年、倒産、自己都合等により離職し、失業中の生活を心配しないで新しい仕事を探し、1日も早く再就職していただくために支給されるものです。

①受給要件

雇用保険の被保険者が離職して、次のiおよびiiのいずれにも当てはまるときは、一般被保険者または短時間労働被保険者について基本手当が支給されます。

　i　ハローワークに来所して求職の申込みをおこない、就職しようとする積極的な意思があり、いつでも就職できる能力があるにもかかわらず、本人やハローワークの努力によっても職業に就くことができない「失業の状態」にあること。

　ii　基本手当を受給するためには、雇用保険に加入していた期間が基準以上でなければなりません（受給資格）。自己都合で退職した者なら1年以上、それ以外の者なら半年以上の加入期間があること

②基本手当の支給額

基本手当の支給額は、「失業直前の勤務先でどのくらいの賃金をもらってい

たか」によって決まります。

［基本手当日額］

具体的には失業直前の6カ月間の給与合計によってです。その金額を180日で割って算出した金額を「賃金日額」といいます。その「賃金日額」のおよそ50〜80％（60歳〜64歳については45〜80％）が「基本手当日額」になります。

失業給付の基本手当は、「賃金日額」から算出される「基本手当日額」に、所定の給付日数の範囲内での日数を乗じて算出されます。

③給付日数（給付日数は「退職理由」が大きく影響する）

雇用保険の一般被保険者に対する求職者給付の基本手当の所定給付日数（基本手当の支給を受けることができる日数）は、受給資格に係る離職の日における年齢、雇用保険の被保険者であった期間および離職の理由などによって決定され、90日〜360日の間でそれぞれ決められます。

とくに倒産・解雇等により再就職の準備をする時間的な余裕もなく、離職を

表48　自己都合退職等の所定給付日数

雇用保険に加入していた期間	被保険者であった期間				
	1年未満	1年以上5年未満	5年以上10年未満	10年以上20年未満	20年以上
全年齢（65歳未満）	—	90日	90日	120日	150日

表49　特定受給資格者についての所定給付日数

離職者の条件	区分	被保険者であった期間				
		1年未満	1年以上5年未満	5年以上10年未満	10年以上20年未満	20年以上
会社都合：倒産、解雇による離職者	30歳未満	90日 *6か月以上1年未満	90日	120日	180日	—
	30歳以上35歳未満		120日	180日	210日	240日
	35歳以上45歳未満		150日	180日	240日	270日
	45歳以上60歳未満		180日	240日	270日	330日
	60歳以上65歳未満		150日	180日	210日	240日

余儀なくされた受給資格者（特定受給資格者）については、一般の離職者に比べ手厚い給付日数となる場合があります（前ページ表48）。

倒産リストラ等で離職を余儀なくされた「特定受給資格者」については、所定給付日数が通常よりも多くなっています（前ページ表49）。

(2) 高年齢求職者給付金とは

高年齢求職者給付金とは、65歳以上の雇用保険の被保険者の方が、定年、倒産、自己都合等により離職し、失業中の生活を心配しないで新しい仕事を探し、1日も早く再就職していただくために支給されるものです。

①受給要件

高年齢求職者給付金を受け取るには、以下の要件が必要です。
- 離職により高年齢受給資格の確認を受けたこと。
- 労働の意志および能力があるにもかかわらず職業に就くことができない状態にあること。
- 算定対象期間（原則は離職前1年間）に被保険者期間が通算して6カ月以上あること。

②高年齢求職者給付金の支給額

支給額については、おおよそ受け取っている賃金日額の50%～80%の×日数分で、一時金で支給されます。
- 月平均10万円の給与なら2666円
- 月平均20万円の給与なら4853円
- 月平均30万円の給与なら5891円

＊賃金日額の計算式　賃金日額＝退職前6カ月の給与の総額÷180

(3) 給付日数

表50　雇用保険の高年齢求職者給付金の所定支給日数（65歳以上）

被保険者であった期間	6カ月以上1年未満	1年以上
給付日数	30日分	50日分

7 65歳以上の労働者も新たに雇用保険の適用対象となります
──雇用保険の加入条件の大きな改正

　平成29年1月1日以降、65歳以上の労働者についても適用要件を満たす場合は「高年齢被保険者」として雇用保険の適用対象となります

　この雇用保険法等の改正により、これまで雇用保険の適用対象外であった65歳以上の労働者であっても、「1週間の所定労働時間が20時間以上、31日以上の雇用見込み」という要件に該当する場合は、新たに雇用保険の適用対象となりました（ただし、65歳以上の労働者の雇用保険料の徴収は平成31年度分までは免除されます）。

　この改正の背景には、高齢者で働く人口が増えてきたことがあげられます。

　この雇用保険の適用拡大は、すべての年代で雇用保険が受けられるように年齢の上限を事実上撤廃したものです。

　平成28年12月末までの制度は、65歳以上の被雇用者に対し「高年齢継続被保険者」としての適用のみ認めていました。満65歳になる前から同じ事業主に雇用され、それ以降も継続して就業する方々が対象となる制度です。

　しかし、平成29年からは「高年齢被保険者」として、65歳以上で職場を変えてもつまり新たな就業先で雇用される場合、適用要件を満たす場合は雇用保険の加入対象となったのです。

　この改正により、雇用保険の適用拡大によって、満65歳以上の従業員も雇用保険の被保険者とされたことから、新たに雇用保険料の徴収対象へと加わりました。

　それまで免除となっていたものを急に徴収するとなると、当然影響もあります。企業によっては保険料の免除対象にあたる従業員を多く雇用している場合もあり、そのような事業所はより大きな影響が及びます。また、高齢者を多く雇用している農業分野では、新たな負担が増えてくることも予想されます。

　そこで、高年齢被保険者の雇用保険料徴収については平成31年度、つまり平成32年3月まで免除を継続することが緩和措置として決定しているのです。

8 雇用保険の税務

●雇用保険料

雇用保険料のうち、経営体負担分は福利厚生費として必要経費（個人）または損金（法人）になります。

労働者負担分は社会保険料として確定申告で所得控除の対象となります。

●雇用保険の失業給付は非課税

失業保険は再就職活動を行うにあたり、収入がない間の最低限の生活費として支給されます。もしこれに税金が課されてしまうと最低生活費を下回ることになるため、失業保険は非課税となります。

そもそも失業保険は「所得」しては見なされないので、確定申告を行う場合でも失業保険で得た収入を申告する必要はありません。国民健康保険や住民税の所得割にも加算されませんので自治体への申告も必要ありません。

●社会保険の被扶養者になる場合は要注意

しかし唯一、社会保険の被扶養者になる場合は、失業保険も収入と見なされます。

失業保険の基本手当日額が3612円以上ある場合は、年収の見込み額が130万円を超えるため、社会保険の被扶養になることができません。

CHAPTER 7　農業者年金

1　農業者年金とは

　農業者年金は、国民年金の第1号被保険者である農業者がより豊かな老後生活を過ごすことができるよう国民年金（基礎年金）に上乗せした公的な年金制度です。
　その特徴は、次のとおりです。

2　農業者年金の特徴

　ⅰ　農業従事者なら誰でも加入できます。
　60歳未満の国民年金の第1号被保険者であって、年間60日以上農業に従事する者であれば誰でも加入できます。
　ⅱ　積立方式で安心した財政運営です。
　積立方式で年金額は加入者・受給者数に左右されない、少子高齢時代に強い制度です。
　ⅲ　保険料の手厚い国庫助成があります。
　認定農業者等一定の要件を備えた意欲ある担い手に対して、保険料（月額2万円）の2割、3割、または5割の政策支援（保険料の国庫助成）があります。
　ⅳ　保険料は自由に選択できます。
　月額2万円から6万7000円まで、ご自身のライフプランに合わせて保険料を自由に選択できます。
　ⅴ　税制面でも大きな優遇があります。
　保険料は、年間最大80万4000円の社会保険控除（収めた保険料の15～30％程度の節税）。
　支払われる年金にも公的年金控除が適応されます。
　ⅵ　80歳までの保証がついた終身年金です。

年金は終身受給できます。

加入者や受給者が80歳になる前に亡くなったばあいは、80歳までに受け取ると仮定した金額を死亡一時金として遺族が受け取れます。

3　加入

（1）加入要件
加入要件は次のとおりです。
- 年齢要件：20歳以上60歳未満
- 国民年金の要件：国民年金の第1号被保険者（ただし、保険料納付免除者でないこと）
- 農業上の要件：年間60日以上農業に従事する者
- 国民年金の付加年金への加入（付加保険料の納付）：農業者年金の被保険者は、国民年金の付加保険料を納付（強制適用）しなければなりません。

国民年金基金（169ページ以降の第8章参照）および個人型確定拠出年金（イデコ、175ページ以降の第9章参照）に加入している者は、農業者年金との重複加入はできませんので注意してください。

（2）加入の種類
①通常加入
政策支援を受けない場合の加入で、加入要件を満たした者が加入を申込むことにより加入することができます。

期間に関する要件はなく、例えば、加入を申し込んだ日から60歳で資格喪失するまでの間に保険料を納付できる期間が1か月しかなくても加入することができます。

農業経営者の方はもとより、農地をもっていない農業者の方や、配偶者や後継者の方などの家族農業従事者の方も加入が可能です。

納付した保険料とその運用益を基礎として65歳から農業者老齢年金が支給されます。

- 通常加入の保険料

月額2万円から6万7000円まで1000円単位で加入者が決定し、また、

いつでも変更することができます。

②政策支援（保険料の国庫補助）による加入

幅広い農業の担い手のうち、老齢時まで長期間農業に取り組み、効率的かつ安定的な農業経営が農業生産の相当部分を担う、望ましい農業構造の確立に寄与する農業経営者は、保険料に係る負担を軽減するため、政策支援（保険料の国庫補助）が行われます。

政策支援を受けた者が、将来受給要件を満たしたときに、国庫補助額およびその運用収入を基本とした特例付加年金を受給することとなります。

• 補助対象者と補助額および保険料

次の3つの要件をすべて満たす方が、月額保険料2万円のうち1万円から4000円の国庫補助を受けることができます。

　i　60歳までに保険料納付期間等が20年以上見込まれる（つまり39歳までに加入すること）

　ii　農業所得（配偶者、後継者の場合は支払いを受けた給料等）が900万円以下

　iii　認定農業者で青色申告者など、次の「保険料の国庫補助対象者と補助額」の表51の必要な要件のいずれかに該当する

表51　保険料の国庫補助対象者と補助額

区分	必要な条件	月額支援金額（月額支援割合）	
		35歳未満	35歳以上
1	認定農業者で青色申告者	10,000円（5割）	6,000円（3割）
2	認定新規就農者で青色申告	10,000円（5割）	6,000円（3割）
3	上記区分1または2の者と家族経営協定を締結し経営に参画している配偶者または後継者	10,000円（5割）	6,000円（3割）
4	認定農業者または青色申告者のいずれか一方を満たす者で、3年以内に両方を満たすことを約束した者	6,000円（3割）	4,000円（2割）
5	35歳まで（25歳未満のばあいは10年以内）に区分1の方となることを約束した後継者	6,000円（3割）	―

＊保険料の国庫補助を受ける期間の保険料と国庫補助の合計額は2万円で固定され、加入者が負担する保険料は2万円から国庫補助額を差し引いた金額となります。

＊区分1の認定農業者は、農業法人として認定を受けている者は除きます。
　　区分3および区分5の「後継者」は経営主の直系卑属である必要があります。
　　区分3および区分5の加入者は、年間農業従事日数が150日以上である必要があります。

- 政策支援（補助）期間

国庫補助の期間は最長20年
　i　35歳未満は、要件を満たしている全ての期間
　ii　35歳以上は10年間を限度として、
　iii　iとiiを合わせて最大20年間です

(3) 保険料は全額所得控除

支払った保険料は、社会保険料控除として全額所得控除されます。

(4) 加入の手続等

加入の手続きは、JA窓口に備え付けてある次の様式に所要事項を記入して、JAまたは農業委員会に提出してください。

　　様式第1号……農業者年金通常加入申込書兼通常加入への変更申出書
　　様式第2号……農業者年金政策支援加入申込書兼政策支援加入への変更等申出書

農業者年金に加入した場合は、保険料の納付義務が生じます。

財政方式は積立方式となり、納付された保険料は将来の自分のための年金給付の原資として積み立てられます。

そして、将来、納付した保険料総額とその運用益を基礎とした農業者老齢年金として受給することとなります。

納付した保険料は、全額社会保険料控除の対象になります。

4　年金給付

給付の種類は、農業者老齢年金、特例付加年金、死亡一時金の3種類です。

給付される年金は、税制上、公的年金等控除の対象になっています。

①農業者老齢年金

加入者が納付した通常保険料、特例保険料およびその運用収入の総額を基礎とする終身年金で65歳から受給できます。

②特例付加年金

特例付加年金は、国庫補助による保険料とその運用益による年金です。農業経営から引退（経営継承等）する時期に年齢制限はないため、農業者老齢年金を65歳から受給しながら農業を続け、引退（経営継承等）後に特例付加年金を受給することが可能です。

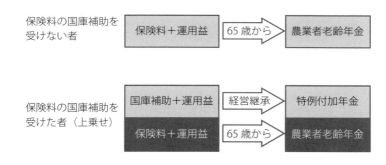

図20　特例付加年金を受給する者しない者

- 特例付加年金の受給要件

  特例付加年金を受給する要件は、次の2つです。

  i　保険料納付済等期間が20年以上
  ii　農業経営から引退（経営継承等）する

  ＊1　「保険料納付済期間等が20年以上」について次の期間の合計が20年以上であること
  　　a　保険料納付済期間
  　　b　カラ期間＊2
  　　c　旧制度の保険料納付済期間
  　　d　旧制度のカラ期間
  ＊2　「カラ期間」とは、農業者年金から脱退した場合に、一定の要件に該当する厚

生年金の加入期間などを、「保険料納付済等期間」に算入することができる期間です。

5　農業者年金の加入から給付までのシステム

以上の内容を図で表すと次のようになります。

①通常加入コースの方

図21　通常加入コースの加入から給付まで

通常加入保険料コースの方は、2万円以上の掛金からのコースです。
この掛金部分に政策支援の補助金部分はありません。

②政策支援コースの方

政策支援加入コースの方の月額保険料は、2万円が限度です。
　それ以上の補償を求めたい方は、政策支援加入コースを止めて、通常加入保険料コースを選択するしかありません。
　政策支援コースで、年数が来て政策支援を受けられなくなってきたときには、通常加入コースで2万円以上掛金を掛けて、補償金額を高めることは可能です。

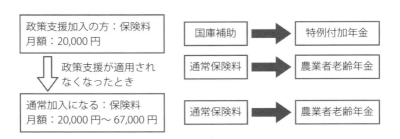

図22　政策支援コースの加入から給付まで

6 その他 Q&A

Q 加入要件は？

A 国民年金第1号被保険者であり、かつ、国民年金保険料の免除を受けておらず、農業に従事（年間農業従事日数が60日以上）している60歳未満の方が、基金に申し出て加入することができます。

加入できる期間は、60歳（60歳に到達する日＝誕生日の前日）までとなりますが、60歳に到達する日が属する月の前月分までは保険料を納めることができます。

新制度においては、加入するための期間要件はなく、例えば、加入を申し込んだ日から60歳到達日までに、保険料納付を1カ月しかできなくても加入することができます。

Q 農業法人や集落営農の構成員は、加入できますか？

A ［農業法人］

農業者年金は、厚生年金の適用を受けない国民年金の第1号被保険者が加入対象となりますので、厚生年金の適用事業所となった農業法人の方は加入することができません。

ただし、従事分量配当制の農事組合法人になった場合には、その従業員となっても税法上給与支給に該当しないため、厚生年金の適用とならず、農業者年金に加入することができます。

［集落営農組織］

法人化されていない集落営農組織に参加した農業者は、農業者年金に加入することができます。

Q 農業者年金は任意加入となりますが、職域型国民年金基金（みどり年金）との関係はどうなりますか？

A 農業者年金と国民年金基金（みどり年金）の同時加入はできません。なお、国民年金基金（みどり年金）に加入されている方が農業者年金に加入する場合は、国民年金基金の脱退手続が必要となります。逆に農業者年金に加入されている方が国民年金基金に加入する場合も同様です。

どちらも任意の制度であるため、どちらに加入するかは本人の意思によります。

Q　農業者年金で、年金裁定時に年金の原資が納付した保険料の総額（元本）を下回ること（元本割れ）もあり得ますか？

A　基金は、運用している資産を、原則として時価（市場価格）で評価しています。

このため、時価の変動により発生した評価損益が運用成績に反映されるので、運用環境が悪化した年度では、その年度の運用実績がマイナスになることもあります。

このような事情から、基金の運用においては、マイナス運用の発生を避けることを目的として、つぎの措置等を講じています。

　　i　リスクの低い国内債券の割合を、7割程度と高くした政策アセットミクス（中長期的に維持すべき資産構成割合）を策定し、それを維持することを基本として、安全性に十分配慮した運用を行う。

　　ii　満期保有に限り適用される評価方法を、自家運用の国内債券について採用することにより、全体の運用成績の安定化を図る。

　　iii　運用収益の一部を付利準備金として積み立てておき、運用がマイナスとなった場合、取り崩して充当する。

これらの措置により、年金の原資が安定的に積み上がっていくことが見込まれることから、年金裁定時に、年金の原資が納付した保険料の総額（元本）を下回る可能性は、極めて低いものとみています。

Q　国庫補助金部分を特例付加金として受給する要件のうち、農業を営まなくなる要件で、農地以外の土地に造られている施設の取り扱いは？

A　土地の地目により区別はせず、施設の外形から畜舎または温室等として確認できる施設は全て経営継承の対象として取り扱われます。

Q 国庫補助金部分を特例付加金として受給する要件のうち、農業を営まなくなる要件で、農業委員会は農協と協力して、農業生産施設についての事前状況把握を行うとなっているが、具体的には何をするのか？

A 経営継承は農業用施設も処分対象となっていることから、該当者が経営継承を行うまでに農協の協力を得て該当者の利用している農業用施設の種類を把握しておくこと、その者から所有している施設の種類等を、地元農業委員等を通じ事前に聞き取っておくこと等が考えられます。

Q 国庫補助金部分を特例付加金として受給する要件のうち、農業を営まなくなる要件で、施設の経営継承に係る確認方法は？

A 農業用施設に係る権利の移動については、規制すべき法律等が存在していないことから、当該施設に係る経営継承の確認に当たっては、届出者に当事者間の売買契約書、貸借契約書の写しの提出を求め、当該資料により確認することとなります。

なお、契約書の写しは、「農業を営む者でなくなったことの届」へ添付する必要があります。

Q 死亡一時金の算定はどのようになっていますか

A 死亡一時金の額は、死亡した日の翌月から80歳到達月までに受け取る予定であった農業者老齢年金の額について、当該各年分の農業者老齢年金に係る支払時期までの期間に応じてその額を予定利率による複利現価法で割り戻した額（死亡時点での現在価値に相当する額）となります。

CHAPTER 8　国民年金基金

1　国民年金基金とは

　基礎年金に上乗せする第1号被保険者のための公的な年金制度で、給与取得者等の方との年金額の差を解消するため公的な年金制度として創設されました。

　国民年金基金制度は、国民年金法の規定に基づく公的な年金であり、国民年金（老齢基礎年金）とセットで、自営業者など国民年金の第1号被保険者の老後の所得保障の役割を担うものです。

　国民年金に上乗せして厚生年金に加入している給与取得者と、国民年金だけに加入している自営業者などの国民年金の第1号被保険者とでは、将来受け取る年金額に大きな差が生じます。

　この年金額の差を解消するため、自営業者などから上乗せ年金を求める強い声があり、国会審議などを経て、厚生年金などに相当する国民年金基金制度が1991年4月に創設されました。

　これにより、自営業などの方々の公的な年金は、図23のように「2階建て」になりました。

図23　自営業者やフリーで働く人の公的年金（左側）

2 制度の概要

　国民年金基金は、厚生大臣（当時）の認可を受けた公的な法人で、47都道府県に設立された「地域型基金」と25の職種別に設立された「職能型基金」の2種類があります。

　地域型国民年金基金は、平成3年5月に全国の47都道府県で設立されました。地域型基金に加入できるのは、同一の都道府県に住所を有する国民年金の第1号被保険者の方です。

　職能型国民年金基金は、25の職種について平成3年5月より順次設立されました。職能型基金に加入できるのは、基金ごとに定められた事業または業務に従事する国民年金の第1号被保険者の方です。この職能型基金では、医師や税理士など業種別の「職能型基金」の設立要件が緩和され、3000人以上の加入者で設立が認められています。

　以上のとおり、地域型と職能型の2つの形態が設けられていますが、それぞれの基金がおこなう事業内容は同じです。

　なお、いずれか1つの基金にしか加入できませんので、加入する方が選択することになります。

3 みどり国民年金基金の設立

　国民年金基金制度の創設に伴い、農業者の方々にもその恩恵を受けられるよう、JAグループの共済事業（ＪＡ共済）を実施している全国共済農業協同組合連合会（略称：全共連、愛称：ＪＡ共済連）が中心となって、職能型基金の1つとして設立に向けて積極的に取り組みました。

　全国農業協同組合中央会（全中）や女性組織協議会の協力・支援も受け、Ｊ

表52　全国農業みどり国民年金基金の概要

基金名	所在地	電話番号	加入できる者
全国農業みどり国民年金基金	〒102－0093 港区赤坂2－17－22 赤坂ツインタワー東館5階	03－3221－8131	農業従事日数が、年間60日（480時間）以上の者

Aグループ全体として取り組んだ結果、法定上の設立要件である15名以上の設立発起人（47名）と3000人以上の設立同意者（3669名）を得ることができ、平成3年4月に設立総会を開催し、同年5月1日に「全国農業みどり国民年金基金」として認可・設立されました。

4　税金面でのメリット

（1）掛金は全額所得控除
掛金は、社会保険料控除として全額所得控除の対象となります。

（2）年金給付額は公的年金控除の対象
国民年金基金の年金給付額は、国民年金等の年金給付額と併せて、公的年金等控除の対象となります。

5　加入

（1）加入方法
現在お住まいの都道府県の地域型国民年金基金、または該当する事業や業務の職能型国民年金基金におたずねください（前掲表51を参照）。
みどり年金の場合はお近くのＪＡでの加入手続きになります。

（2）加入要件
みどり年金に加入できる方は、次の4つの条件を全て満たす方です。
平成25年4月から国民年金に任意加入されている60歳以上65歳未満の方も加入できるようになりました。
①年間60日以上農業に従事している方
この従事証明は、最寄りのＪＡの代表者（組合長等）やその地域の農業委員の方に証明していただく必要があります。
②国民年金の第1号被保険者の方
第1号被保険者とは、おもに自営業者の方ですが、サラリーマンや公務員（第2号被保険者）とその方々に扶養されている配偶者（第3号被保険者）以

外の方になります。

　例えば、お店などの自営業との兼業農家、勤めながらの兼業農家であっても厚生年金等に加入していない方は第1号被保険者になります。

　③国民年金の保険料免除者でない方

　国民年金の上乗せ年金ですので、国民年金保険料の納付が前提となります。そのため、保険料を免除されている方（法定免除者が希望により保険料を納付している場合を除く）はご加入できません。

- 法定免除者：生活保護を受けられている方、障害者基礎年金を受給されている方等
- 申請免除者：低所得者や傷病等で納付が困難であると認められた方
- 学生納付特例者
- 若年者納付猶予者：30歳未満の方で本人や配偶者の所得が一定額以下の場合の方

　④農業者年金基金の被保険者でない方

　同じ上乗せ（2階建て）年金の農業者年金基金の被保険者の方や他の国民年金基金にご加入されている方は、みどり年金にはご加入できません

(3) 国民年金との関係

　国民年金基金に加入した方は、国民年金本体の保険料を滞納した場合、その滞納期間に対する基金の年金給付は受け取れません。国民年金の保険料は2年間納付できますので必ず納付してください（国民年金本体の保険料を滞納した期間分の国民年金基金の掛金は返金されます）。

　国民年金基金に加入した方は、国民年金の付加年金の保険料を納付することはできません（国民年金の付加年金の保険料を納付している方は、国民年金基金に加入する際に市区町村の窓口に付加年金の保険料の納付を辞退する旨を届け出てください）。

(4) みどり国民年金基金の給付（年金）のタイプと選び方

　生涯にわたり年金を受け取れる「終身年金」にはA型とB型がり、受取期間が決まっている「確定年金」にはⅠ型・Ⅱ型・Ⅲ型・Ⅳ型・Ⅴ型があります。

　確定年金には、支給開始年齢が60歳のもの（Ⅲ型・Ⅳ型・Ⅴ型）と65歳

のもの（Ⅰ型・Ⅱ型）があります。

また、終身年金のB型以外には、加入員が万一の場合に遺族に一時金が支給される「保証期間」がついています。

加入は口数制で、年金額や給付の型は自分で選択でき、自分が何口加入するかによって受け取る年金額が決まります。

表53　みどり国民年金基金の給付（年金）の7つのタイプ

終身年金	A型 65歳支給開始（15年保証付）
	B型 65歳支給開始（保証期間なし）
確定年金	Ⅰ型 65〜80歳支給（15年保証付）
	Ⅱ型 65〜75歳支給（10年保証付）
	Ⅲ型 60〜75歳支給（15年保証付）
	Ⅳ型 60〜70歳支給（10年保証付）
	Ⅴ型 60〜65歳支給（5年保証付）

① **1口目**

1口目は、終身年金A型、B型のいずれかを選択してください。

保証期間のあるA型は、年金受給前または保証期間中に亡くなられた場合、遺族の方に一時金が支給されます。

1口目は減額できませんので、A型からB型、B型からA型への途中変更はできません。

② **2口目**

2口目以降は、「終身年金」のA型とB型、「確定年金」のⅠ型・Ⅱ型・Ⅲ型・Ⅳ型・Ⅴ型の7つのタイプから選択＊してください。

＊ 1口目を含む掛金合計額が、上限の6万8000円を超えないこと
＊ 確定年金（Ⅰ型・Ⅱ型・Ⅲ型・Ⅳ型・Ⅴ型）の年金額が、終身年金（A型・B型）の年金額（1口目を含む）を超えないこと
＊ 基金の1口目の給付は、国民年金の付加年金相当が含まれていますので、付加年金の二重加入を防ぐため、付加保険料を納付されている方が基金に加入される際には、市区町村役場で、付加保険料を辞める旨の手続きをする必要があります。

（5）掛金月額

掛金月額は、選択した給付の型、加入口数、加入時の年齢、性別によって決まります。

掛金の上限は月額6万8000円で、給付の型および加入口数は、その金額

以内で選択できます。ただし、個人型確定拠出年金にも加入している場合は、その掛金と合わせて6万8000円以内となります。

また、掛金は社会保険料控除として全額所得控除されますので、節税効果があります。

(6) 掛金の払込期間

掛金の払込期間は、60歳未満で加入の場合は、加入時から60歳到達前月までになります。60歳以上で加入する場合は、加入時から65歳到達前月または国民年金任意加入被保険者資格の喪失予定付きの前月までになります。

6　その他

(1) 国民年金基金の現状

国民年金加入者数　1668万人

国民年金基金加入者数　約43万人（42万7026人：平成27年度末）

国民年金の第1号被保険者数（任意加入被保険者を含む）は、平成27年度末現在で1668万人となっており、前年度末に比べて74万人（4.3％）減少しています。

そのうち国民年金基金の加入者数は約43万人であり、国民年金の第1号被保険者数のうちに占める割合は、約2.5％です。

(2) 基金が解散した場合の取り扱いについて

基金は公的な制度として、国民年金法に基づき、その設立から運営について厚生労働省の指導、監督を受け、代議員会での議決を経て運営されています。また基金の財政状況を毎年チェックし、健全な運営に努めております。基金の財政状況は決算書に記載されていますので、随時閲覧できます。

仮に当基金が解散した場合は国民年金法に基づき、基金の解散時点での残余財産額を加入員および受給者等で分配することとなっており、それまで支払われた掛金額を下回ることもあります。なお、分配される額を国民年金基金連合会へ移管して、将来年金として受け取ることができるような措置を講じています。

CHAPTER 9　個人型確定拠出年金：iDeCo（イデコ）

1　iDeCo（個人型確定拠出年金）とは

　iDeCoは、平成13年に施行された確定拠出年金法に基づいて実施されている私的年金の制度です。平成29年1月から、基本的に20歳以上60歳未満の全ての方＊が加入できるようになり、多くの国民の皆様に、より豊かな老後の生活を送っていただくための資産形成方法の1つとして位置づけられています。

　＊企業型確定拠出年金に加入している方は、企業型年金規約で個人型確定拠出年金（iDeCo）に同時に加入してよい旨を定めている場合のみ、iDeCoに加入できます。

2　対象者（制度に加入できる者）および拠出限度額

　法律改正により、公務員や第3号被保険者である主婦（夫）、さらには企業型確定拠出年金に加入している会社員も、個人型確定拠出年金（iDeCo）に加入することができるようになりました。

表54　iDeCoの加入者と掛け金上限

国民年金保険の加入状況	具体例	掛金の拠出額の上限
第1号被保険者	自営業者等	月額68,000円（＊年額816,000円）
第2号被保険者	企業型確定拠出年金のない会社の会社員	月額23,000円（＊年額276,000円）
	企業型確定拠出年金に加入している会社の会社員	月額20,000円（＊年額240,000円）
	DB加入者、公務員	月額12,000円（＊年額144,000円）
第3号被保険者	専業主婦（夫）など	月額23,000円（＊年額276,000円）

農業者の場合は月額 6 万 8000 円、年 81 万 6000 円が上限の掛金です。

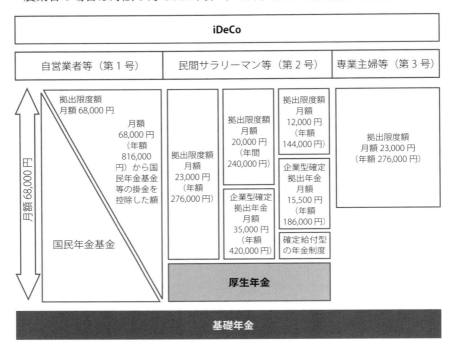

図 24　iDeCo の対象者と拠出限度額

* 1　上記の限度額範囲内で、各加入者が拠出限度額を任意に選択して設定。
* 2　企業型年金加入者が個人型年金にも加入するためには、企業型年金規約に個人型年金同時加入可能である旨が定められている必要性がある。

3　確定拠出年金の特徴

(1) 公的年金の上乗せ年金制度の新たな選択肢

　確定拠出年金は、国民年金基金や既存の企業年金に加え、新たな選択肢として公的年金に上乗せされる制度です。国民年金基金等の確定給付年金と組み合わせることにより、老後の所得保障の一層の充実が可能になります。

(2) 掛金は全額所得控除

　支払う掛金は全額所得控除（小規模企業共済等掛金控除）され、所得税や住民税が軽減するなどの税制上の優遇措置があります。

iDeCoの掛金は月額6万8000円、年81万6000円まで掛けることができます。

(3) 60歳から受給可能、しかも有利な税制
- 原則60歳から老齢給付金を受け取ることができます。
- 老齢給付金は原則60歳から年金または一時金で受け取ることができます。
- 障害給付金の場合は、本人が年金または一時金で、死亡一時金の場合は遺族が一時金で受け取れます。

給付金を年金で受け取る場合には「公的年金等控除」、一時金で受け取る場合には「退職所得控除」が適用されたいへん有利になっています。

(4) 持ち運びができる
大きな特徴は、転職時に自分の口座の持ち運びができることです。例えば、個人型年金の加入者が企業型年金のある企業へ転職した場合には、年金資産を転職先の企業型年金に移換できます。

従来の企業年金は勤続年数が一定以上でないと支給されませんでした。

ただし、持ち運びによる運用次第では元本割れというケースもあります。

(5) あなたが選んであなたが決める運用商品
個人型の確定拠出年金については、自分の持分（年金資産）についての運用方法は、加入者個人で決めることができます。しかし、運用リスクは加入者本人が負うことになります。ですから年金額が事前に確定していません。加入者ごとの運用実績に基づいて年金額が決定するため、老後に受け取る年金額が、事前に確定していません。

4　加入方法

銀行、証券会社、生命保険会社の窓口などで加入することができます。どの金融機関で加入するかは自分で決めることができますが、金融機関ごとに取り揃えている金融商品のラインナップや手数料が全く違いますので、その点も調べる必要があります。つまり加入する窓口ごとに個人型確定拠出年金は違うと

もいえます。
　また、農業者年金加入者は加入できませんので注意が必要です。

(1) 窓口はおもな金融機関
- 都市銀行、地方銀行、信託銀行、信用金庫
- 証券会社、生命保険会社、損害保険会社
- 郵便局、ＪＡ（農協）

(2) 加入申し込み手続きについて
　加入の申し込み手続きは金融機関を窓口にして行い、金融機関経由で連合会に申し出ます。加入等に必要な書類は、各受付金融機関にあります。

(3) 加入から運用までのしくみ
①掛金を決めよう！
　iDeCoの掛金は、月々5000円以上1000円単位で最高6万8000円まで、自分の加入資格に沿った上限額の範囲内で設定できます。平成30年1月より、掛金の拠出を1年の単位で考え、加入者が年1回以上任意に決めた月にまとめて拠出（年単位拠出）できるようになりました。
　掛金額を決めるにあたっては、基本的に60歳にならないと引き出せない資産であることを考慮し、無理なく継続して拠出できる掛金額を設定しましょう。

②資産運用について学ぼう！
　iDeCoで積み立てる年金資産は、「加入者」・「運用指図者」自身の責任に基づいて資産運用をおこなっていくことになります。自分の資産運用の成果次第で、60歳以降に受け取る老齢給付金の額が増えることもあれば、場合によっては減ってしまうこともある制度だということをよく理解しておきましょう。
- 加入を申し出る時に、運営管理機関を指定することになります。受付金融機関が運営管理機関になる例が多いです。
- 年金資産の運用は、それぞれの運営管理機関で選定・提示した運用商品の中からおこないます。受付金融機関が、運用商品を提示する場合が多いです。

- 掛金は、資産管理機関に拠出します。

個人型の場合は、国民年金基金連合会に委託された金融機関に拠出運用をまかせます。

（4）運用商品と取扱機関

iDeCoの運用商品は、「元本確保商品」と「投資信託」の2つに分類されます。

①元本確保商品

原則として、元本が確保されている運用商品のことで、所定の利息が上乗せされます。代表的な商品に定期預貯金や保険商品があります。

②投資信託

投資信託とは、投資家から集めたお金をひとつの大きな資金としてまとめ、運用の専門家が株式や債券などに投資・運用する商品で、その運用成果が投資家それぞれの投資額に応じて分配される仕組みの金融商品です。集めた資金をどのような投資対象に投資するかについては、投資信託ごとの運用方針に基づいて、専門家がおこないます。

投資信託の運用成績は、市場環境や経済情勢などの様々な要因によって変動します。運用がうまくいって利益が得られることもあれば、運用がうまくいかずに損失が出てしまうこともあります。

投資信託の主な種類には、投資対象となる資産や地域等により、大きく4種類があります。

　ⅰ　国内債券型
　ⅱ　外国債券型
　ⅲ　国内株式型
　ⅳ　外国株式型

5　個人型確定拠出年金の給付

● 受取方法

受取方法には以下の方法があります。

①一時金として一括で受け取る

受給権が発生する年齢（原則60歳）に到達したら、70歳に到達するまでの間に、一時金として一括で受け取れます。

一時金で受け取る場合には「退職所得」扱いとなり「退職所得控除」が適用され税制上有利です。

②年金として受け取る

個人型確定拠出年金を年金で受け取る場合は有期年金（5年以上20年以下）として取り扱います。受給権が発生する年齢（原則60歳）に到達したら、5年以上20年以下の期間で、運営管理機関が定める方法で支給されます。

給付金を年金で受け取るばあいは国民年金等の年金給付額と併せて、公的年金等控除の対象となり税制上有利です。

③一時金と年金を組み合わせて受け取る

受給権が発生する年齢（原則60歳）に到達した時点で一部の年金資産を一時金で受け取り、残りの年金資産を年金で受け取る方法を取り扱っている運営管理機関もあります。

この場合、給付金を年金で受け取る場合には「公的年金等控除」、一時金で受け取る場合には「退職所得控除」が適用されます。

●給付の種類

給付とは年金資産を受け取ることです。加入者等は、原則60歳から老齢給付金の給付を請求できます。

給付金額は、一人ひとりの運用実績により異なります。

給付金には「老齢給付金」「障害給付金」「死亡一時金」の3種類があります。

（1）老齢給付金

原則60歳から受給できますが、60歳時点で通算加入者等期間*が10年に満たない場合は、つぎの年齢で受給することができます。

　　8年以上加入等　→　61歳から受給可能
　　6年以上加入等　→　62歳から受給可能
　　4年以上加入等　→　63歳から受給可能
　　2年以上加入等　→　64歳から受給可能

1月以上加入等　→　65歳から受給可能

＊個人型年金および企業型年金における加入者・運用指図者の期間の合算。

- 給付請求

運営管理機関に請求します。70歳になっても請求しない場合は、全額、一時金として支給されます。

- 受給方法

「年金」または「一時金」、もしくは「併給」で受け取ります。

- 税制措置

税制優遇があります。

給付金を年金で受け取る場合には「公的年金等控除」、一時金で受け取る場合には「退職所得控除」が適用され、たいへん有利になっています。

(2) 障害給付金

加入者等が70歳になる前に高度障害者になった場合、受け取ることができます。

- 給付請求

運営管理機関に請求します。

- 受給方法

「年金」または「一時金」、もしくは「併給」で受け取ります。

- 税制措置

非課税です。

(3) 死亡一時金

加入者等が死亡した場合、その遺族が受け取ることができます。

- 給付請求

遺族が運営管理機関に請求します。

- 受給方法

「一時金」で受け取ります。

- 税制措置

税制優遇があります。

死亡日から3年以内に死亡一時金を受け取る場合は、税法上の取り扱いは

「みなし相続財産（退職手当等に含まれる給付）」として相続税の課税対象になり、確定拠出年金と他の退職手当等（例えば会社の退職手当）の遺族受け取り分を含め、法定相続人1人あたり500万円まで非課税となります。

6 加入にあたっての留意事項

(1) 60歳になるまでは、原則として受給できません

　確定拠出年金は60歳にならないと原則として資産を引き出すことができません。確定拠出年金の通算加入者等期間が10年以上あれば、60～69歳の間に年金受給の請求ができます。しかし、通算加入者等期間が短くなると、年金受給の開始時期が遅くなります。

(2) 給付額は運用成績により変動します

　確定拠出年金は、将来、受け取れる額があらかじめ確定しているわけではありません。資産の運用はご自身の責任でおこなわれ、受け取る額は運用成績により変動します。運用商品の中には、元本が確保されていないものもありますので、商品の特徴をよく理解したうえで運用商品をお選びください。

CHAPTER 10 小規模企業共済制度

　小規模企業共済制度は、小規模企業共済法等に基づく制度で、小規模企業の個人事業主の方や会社等の役員の方が事業を廃止したり役員を退職した場合などに、その後の生活の安定や事業の再建などのための資金をあらかじめ準備しておくための共済制度で、いわば「経営者の退職金制度」といえるものです。

1　制度の特色について

　①事業を廃止した場合に、最も有利な共済金を受け取れる廃業共済制度です。いわば、「経営者の退職金」制度というべきものです。
　②小規模企業共済法等の法令に基づいた制度で、国が全額出資している独立行政法人中小企業基盤整備機構が運営している安全確実な制度です。
　③預けている掛金とその運用収入が、全て契約者に還元される共済制度です。運営に必要な事務経費については、全額国庫から補助されています。
　＊任意解約等では元本割れもあります。
　④税制上有利です。掛金が全額所得控除扱い、共済金が退職所得扱いまたは公的年金等の雑所得扱いになります。
　⑤共済金の受取りは、「一括受取り」、「分割受取り」または「一括受取りと分割受取りの併用」が選択できます。
　⑥掛金に応じて貸付制度が利用できます。
　納付した掛金の範囲内で事業資金の貸付けが受けられます。
　⑦制度の加入や掛金の納付等が簡単です。
　中小機構が業務を委託している、全国の中小企業団体（商工会議所、市町村の商工会、中小企業団体中央会、青色申告会等）、金融機関（銀行、信用金庫、信用組合等）で加入申込み等の手続きが取れます。
　2回目以降の掛金は、金融機関の預金口座振替です。

2　加入方法

(1) 加入資格
　小規模企業共済制度に加入できる方は、次の方々です。
　ⅰ　常時使用する従業員の数が20人以下の、製造業、建設業、運輸業、不動産業、農業などを営む、個人事業主または会社の役員
　ⅱ　常時使用する従業員の数が5人以下の、商業（卸売業・小売業）、サービス業を営む個人事業主または会社の役員
　ⅲ　事業に従事する組合員の数が20人以下の企業組合の役員
　ⅳ　常時使用する従業員の数が20人以下であって、農業の経営を主として行っている農事組合法人の役員
　ⅴ　上記「ⅰ」と「ⅱ」に該当する個人事業主が営む事業の経営に携わる共同経営者（個人事業主1人につき2人まで）
　＊「常時使用する従業員」には、家族従業員、共同経営者（2人まで）を含みません。

(2) 加入資格のない方の例
　ⅰ　配偶者等の事業専従者（共同経営者の要件を満たしていない場合）
　ⅱ　会社等の役員とみなされる方（相談役、顧問その他実質的な経営者）であっても、商業登記簿謄本に役員登記されていない場合
　＊ただし、次のような場合は小規模企業者として加入できます。
　農業者が本業の農業所得のほかに、農閑期の一時的なアルバイト収入による給与所得がある場合

(3) 専業農業者の加入
　農業者の方も加入資格があることは従来と変わりません。
　そして、平成23年の改正により事業の経営に携わる共同経営者（個人事業主1人につき2人まで）も加入できることから、配偶者や後継者であっても共同経営者の条件を満たしていれば加入できることになりました。

(4) 加入の申込手続きについて

i　加入取扱い窓口

小規模企業共済への加入手続きは、中小機構と業務委託契約を締結している委託機関（委託団体）または金融機関の本支店（代理店）の窓口でおこなってください。

なお、ゆうちょ銀行、農業協同組合の一部、労働金庫等は、小規模企業共済を取り扱っていませんので、注意ください。

［委託団体］
- 商工会
- 商工会議所
- 中小企業団体中央会
- 事業協同組合
- その他

［代理店］
- 都市銀行
- 信託銀行
- 地方銀行
- 第二地方銀行
- 信用金庫
- 信用組合
- 商工組合中央金庫
- 農業協同組合（30都道府県、表55）

表55　農業協同組合の代理店（30都道府県　平成30年5月17日現在）

北海道	茨城県	新潟県	三重県	奈良県	愛媛県
岩手県	群馬県	福井県	滋賀県	和歌山県	福岡県
宮城県	東京都	岐阜県	京都府	鳥取県	熊本県
秋田県	神奈川県	静岡県	大阪府	島根県	大分県
山形県	長野県	愛知県	兵庫県	広島県	鹿児島県

＊上記都道府県内の農協で取り扱っています。

＊支店によっては、小規模企業共済の加入業務を取り扱っていない場合がありますので、あらかじめ当該金融機関にご確認ください。

ⅱ　手続方法

加入申込みの手続きは、これらの委託団体および金融機関の窓口に備え付けてある共済契約申込書に必要事項を記入して印鑑を押印して申し込んでください。

なお、加入申込みの際には掛金をまとめて前納することができます。

(5) 掛金月額

1000円から最高7万円までの間で、500円単位で自由に設定できます。

払込方法は月払い、半年払い、年払いから選択します。

(6) 掛金の税法上の取扱いについて

納付した掛金は、税法上、小規模企業共済等掛金控除として、各年の課税対象となる所得金額から控除することができます。

また、前納期間が1年以内の前納掛金についても、その全額を支払った年の分の掛金として所得控除することができます。

なお、掛金は、契約者自身の所得から納付しますので、事業上の必要経費または損金には算入できません。

3　共済金および解約手当金

(1) 受け取る事由

次ページ表56のような場合に、契約者または遺族の方からの請求により受け取れます。

(2) 解約手当金について注意する点

掛金納付月数が6カ月未満の場合は、共済金A、共済金Bは受け取れません。また、12カ月未満の場合は、準共済金、解約手当金は受け取れません。

掛金納付月数に応じて、掛け金合計額の80％〜120％相当額が受け取れます。

表 56　小規模企業共済制度の共済金、解約手当を受け取れる事由

	個人事業主の場合	会社役員等の場合	共同経営者の場合
A 共済事由 （共済金 A）	・事業を廃止したとき ・個人事業主の死亡 ・配偶者または子へ事業の全部を譲渡したとき	・会社等が解散したとき	・個人事業主の廃業に伴い、共同経営者を退任した場合 ・病気や怪我のため共同経営者を退任した場合 ・共済契約者の死亡
B 共済事由 （共済金 B）	・老齢給付（満 65 歳以上で 65 歳以上で 180 か月以上掛金を払い込んだ方）	・病気、怪我の理由により、または 65 歳以上で役員を退任した場合 ・共済契約者の死亡 ・老齢給付（65 歳以上で 180 か月以上掛金を払い込んだ方）	・老齢給付（満 65 歳以上で 65 歳以上で 180 か月以上掛金を払い込んだ方）
準共済事由 （準共済金）	・法人成りし、その会社の役員に就任しなかった場合 ・法人成りし、その会社の役員に就任した（役員たる小規模企業者になったときを除く）	・法人の解散、病気、怪我以外の理由により、または 65 歳未満で役員を退任した場合	・個人事業主が法人成りし、共同経営者がその会社の役員に就任しなかった場合 ・個人事業主が法人成りし、共同経営者がその会社の役員に就任した（役員たる小規模企業者になったときを除く）
解約事由 （解約手当金）	・任意解約 ・機構解約（掛金を 12 か月以上滞納した場合） ・法人成りし、その会社の役員たる小規模企業者になった。	・任意解約 ・機構解約（掛金を 12 か月以上滞納した場合）	・任意解約 ・機構解約（掛金を 12 か月以上滞納した場合） ・共同経営者の任意退任による解約* ・法人成りし、その会社の役員たる小規模企業者になった。

＊転職、独立開業、のれん分けなどで共同経営者を退任した場合も、任意退任扱いとなります。

　掛金納付月数が、240 か月（20 年）未満で任意解約をした場合は、掛金合計額を下回ります。

(3) 共済金の額

［例］（表 57）

表 57　基本共済金*² 等の額　［掛金月額 10,000 円で加入した場合］

月数	掛金合計額	共済金 A	共済金 B	準共済金
5 年	600,000 円	621,400 円	614,600 円	600,000 円
10 年	1,200,000 円	1,290,600 円	1,260,800 円	1,200,000 円
15 年	1,800,000 円	2,011,000 円	1,940,400 円	1,800,000 円
20 年	2,400,000 円	2,786,400 円	2,658,800 円	2,419,500 円
30 年	3,600,000 円	4,348,000 円	4,211,800 円	3,832,740 円

＊1　この表の共済金額は、将来受け取る基本共済金の額です。実際に受け取る共済金の額は、付加共済金*³ の額が算定されている場合は、その額が加算されます。

＊2　基本共済金とは、掛金月額、掛金納付月数に応じ、共済事由ごとに政令（小規模企業共済法施行令の別表）において規定されている金額です。

＊3　付加共済金とは、毎年度の運用収入等に応じて、経済産業大臣が定める率により算定される金額です。

(4) 共済金・解約手当金の税法上の取扱いについて

共済金等の税法上の取扱いは、表 58 のとおりです。

(5) 退職所得の計算

退職所得の計算は、表 58 のとおりです。

（退職金の収入金額－退職所得控除額）× 1／2 ＝退職所得

退職所得控除額の算出方法は以下のとおりです。

- 勤続年数が 20 年以下の場合：40 万円×勤続年数
- 勤続年数が 20 年超の場合：
  70 万円×（勤続年数－20 年）＋ 800 万円

例えば、

①勤続年数が 20 年で退職金を 900 万円もらった場合は、

（900 万円－40 万円× 20 年）× 1／2 ＝ 50 万円が退職所得となります。

②勤続年数が 40 年で退職金を 1800 万円もらった場合は、

｛1800 万円－〔70 万円×（40 年－ 20 年）＋ 800 万円〕｝× 1／2 ＝マイナス 200 万円で、退職所得はゼロ円になります。

詳しくは『新　農家の税金』各年版（農文協刊）を参照ください。

表58 共済金・解約手当金の税法上の取扱い

種類	税法上の取扱い	確定申告の必要の有無
共済金（除く死亡時）一括受取り	退職所得扱い	・源泉徴収しますので原則不要 ・「共済金等請求書」の提出と同時に、「退職所得申告書」の提出が必要
共済金（除く死亡時）分割受取り	公的年金等の雑所得扱い*1・2・3	・源泉徴収として一律7.5%徴収します ・確定申告が必要（毎年1月に源泉徴収票を送付します）
共済金（死亡）	みなし相続財産として相続税の課税対象（死亡時退職金）	・相続財産として申告が必要
準共済金	退職所得扱い	・源泉徴収しますので原則不要 ・「共済金等請求書」の提出と同時に、「退職所得申告書」の提出が必要
解約手当金（任意解約）65歳以上	退職所得扱い	・源泉徴収しますので原則不要 ・「共済金等請求書」の提出と同時に、「退職所得申告書」の提出が必要
解約手当金（任意解約）65歳未満	一時所得扱い	・一定額以上の解約手当金は確定申告が必要*4
解約手当金（任意解約以外）	一時所得扱い	・一定額以上の解約手当金は確定申告が必要*4
解約手当金（法人成に伴う）	退職所得扱い	・源泉徴収しますので原則不要 ・「共済金等請求書」の提出と同時に、「退職所得申告書」の提出が必要

* 1 分割共済金における公的年金等の雑所得扱いとは、その年中に受け取った分割共済金にその他の公的年金額を加えた額から「公的年金等控除」の額を差し引いた額が課税対象となります。

* 2 分割で共済金を受け取る場合に、未返済の貸付金、未納掛金等があるときは、共済金からこれらの額を控除しますが、その控除額は一括受取り共済金となり、税法上の扱いも同等になります。

* 3 繰上げ受取りされる分割共済金は、退職所得扱いとなります（死亡の場合は相続財産となります）。

* 4 一時所得扱いの場合は、一時所得の金額の計算上、納付した掛金の総額は、支出した金額に算入できません（ただし、現物出資により法人成りし、その法人の役員に就任した場合は退職所得扱いとなります）。

(6) 共済金の請求手続き

共済金を請求するには、共済金等請求書（様式（小）701）で、中小機構に請求します。

請求書は、中小機構の業務を取り扱っている商工会議所、市町村の商工会、

中小企業団体中央会、中小企業の組合、青色申告会などの委託団体および金融機関にあります。

　なお、各種証明書（中小機構指定様式と限定したものに限る）は、次のいずれかの者から証明を受けてください。

　ただし、農地処分証明願の証明者は、農業委員会となります。
- 中小機構の委託団体となっている市町村の商工会、商工会議所、青色申告および協同組合等の長
- 中小機構の代理店となっている銀行等金融機関の営業店の長
- 事業の許認可を行う官公署の長
- 市区町村長
- 民生委員（市区町村からの受託書の写しが必要）

CHAPTER 11　中小企業退職金共済制度

1　制度の概要

(1) 制度の目的と概要

　中小企業退職金共済制度（中退共制度）は、中小企業の相互共済と国の援助で退職金制度を確立し、これによって中小企業の従業員の福祉の増進と雇用の安定を図り、企業の振興と発展に寄与することを目的として、昭和34年に「中小企業退職金共済法」に基づき設けられた制度です。

(2) 制度のしくみ

　中退共制度の運営は、厚生労働省所管の独立行政法人勤労者退職金共済機構・中小企業退職金共済事業本部が行っています。中退共制度の仕組みは以下のとおりです。
- 事業主が中退共と退職金共済契約を結びます。
- 事業主は毎月の掛金を金融機関に納付します。
- 従業員が退職したときは、その従業員に中退共から退職金が直接支払われます。
- 中退共制度は、法律で定められた社外積立型の退職金制度といえます。

(3) 事業の概要（30年2月末現在）

表59　中退共制度の概況

加入している企業	367,386所
加入している従業員	3,423,956人
運用資産額	約4.8兆円

2 制度の特色

中退共制度は安全、確実、有利、しかも管理が簡単です。

(1) 国の助成

［新規加入助成］

新しく中退共制度に加入する事業主に

①掛金月額の2分の1（従業員ごと上限5000円）を加入後4カ月目から1年間、国が助成します。

②パートタイマー等短時間労働者の特例掛金月額（掛金月額4000円以下）加入者については、①につぎの額を上乗せして助成します。

- 掛金月額2000円の場合は、300円
- 掛金月額3000円の場合は、400円
- 掛金月額4000円の場合は、500円

＊同居の親族のみを雇用する事業主は、助成の対象にはなりません。

［月額変更助成］

掛金月額が1万8000円以下の従業員の掛金を増額する事業主に、増額分の3分の1を増額月から1年間、国が助成します。

2万円以上の掛金月額からの増額は助成の対象にはなりません。

＊同居の親族のみを雇用する事業主は、助成の対象にはなりません。

(2) 税法上の特典

中退共制度の掛金は、法人企業の場合は損金として、個人企業の場合は必要経費として、全額が事業上の損金、経費となります。

(3) 管理が簡単

毎月の掛金は口座振替で納付でき、加入後の面倒な手続きや事務処理もなく従業員ごとの納付状況、退職金額を事業主に知らせてくれるので、退職金の管理が簡単です。

(4) 通算制度の利用でまとまった退職金

- 過去勤務期間も通算できます。
- 企業間を転職しても通算できます。
- 特定業種退職金共済制度と通算できます。
- 特定退職金共済制度と通算できます。

3　加入方法

(1) 加入の条件

この制度に加入できるのは、次の表60の企業です。ただし、個人企業の場合は、常用従業員数によります。

農業は、製造業にあたります。

表60　中退共制度の加入条件

業種	常用従業員数		資本金・出資金
一般業種（製造業、建設業等）	300人以下	または	300,000,000円以下
卸売業	100人以下	または	100,000,000円以下
サービス業	100人以下	または	50,000,000円以下
小売業	50人以下	または	50,000,000円以下

(2) 加入させる従業員（被共済者）

従業員は原則として全員加入させてください。ただし、次のような人は加入させなくてもよいことになっています。

- 期間を定めて雇用される従業員
- 季節的業務の雇用される従業員
- 試用期間中の従業員
- 短時間労働者
- 休職期間中の者およびこれに準ずる従業員
- 定年などで相当の期間内に雇用関係の終了することが明らかな従業員

(3) 加入できない人、加入できない場合

- 中退共制度に加入している方

- 特定業種退職金共済制度に加入している方
  * 中小企業退職金共済法に基づく特定業種(建設業・清酒製造業・林業)退職金共済制度には企業として両制度に加入はできますが、同一の従業員が両制度に加入することはできません。
- 被共済者になることに反対の意思を表明した従業員
- 小規模企業共済制度に加入している方

4 掛金

毎月の掛金の納付方法、掛金月額の種類、掛金等の税金、掛金月額の変更等は次のとおりです。

(1) 掛金の納付方法

毎月の掛金は、事業主の指定の預金口座から、当月または翌月の18日(金融機関が休日の場合は翌営業日)に口座振替で納付します。

掛金は全額事業主が負担し、掛金の一部でも従業員に負担させることはできません。

掛金月額の種類は表61の16種類です。事業主はこの中から従業員ごとに任意に選択できます。

表61　中退共の掛金

5,000円	6,000円	7,000円	8,000円
9,000円	10,000円	12,000円	14,000円
16,000円	18,000円	20,000円	22,000円
24,000円	26,000円	28,000円	30,000円

短時間労働者(パートタイマー等)は、上記の掛金月額のほか特例として次の掛金月額でも加入できます。

2,000円	3,000円	4,000円

[参考]
短時間労働者とは、いわゆるパートタイマー等、1週間の所定労働時間が同じ事業所に雇用される通常の従業員より短く、かつ30時間未満である従業員をいいます。

(2) 掛金月額の変更

掛金月額は、加入後、「月額変更申込書」を事前に提出することでいつでも増額変更することができます。

1万8000円以下の掛金月額を増額する事業主には、増額分の3分の1（10円未満の端数は、切り捨て）を増額月から1年間、国が助成します。

ただし、事業主と生計を一にする同居の親族のみを雇用する事業主は助成の対象になりません。

また、2万円以上の掛金月額からの増額は助成の対象になりません。

掛金月額の減額は、次のいずれかの場合に限って行うことができます。
- 掛金月額の減額をその従業員が同意した場合
- 現在の掛金月額を継続することが著しく困難であると厚生労働大臣が認めた場合

5　退職金

退職金の額、退職金の支払方法、退職金の税金等は次のとおりです。

(1) 退職金の額

退職金は、基本退職金と付加退職金の2本建てで、両方を合計したものが、受け取る退職金になります。

退職金＝基本退職金＋付加退職金

退職金は、11カ月以下の場合は支給されません（過去勤務掛金の納付があるものについては、11カ月以下でも過去勤務掛金の総額が支給されます）。

12カ月以上23カ月以下の場合は掛金納付総額を下回る額になります。

これは長期加入者の退職金を手厚くするためです。

24か月以上42カ月以下では掛金相当額となり、43カ月からは運用利息と

付加退職金が加算され、長期加入者ほど有利になります。

［基本退職金］

掛金月額と納付月数に応じて固定的に定められている金額で、制度全体として予定運用利回りを1.0％として定められた額です。なお、予定運用利回りは、法令の改正により変わることがあります。

［付加退職金］

付加退職金は、基本退職金に上積みするもので、運用収入の状況等に応じて定められる金額です。

具体的には、掛金納付月数の43カ月目とその後12カ月ごとの基本退職金相当額に、厚生労働大臣が定めるその年の支給率（表62）を乗じて得た額を、退職時まで累計した総額です。

表62　中退共制度の付加退職金支給率状況

年度	支給率
平成25年度	0
平成26年度	0.0182
平成27年度	0.0216
平成28年度	0
平成29年度	0
平成30年度	0.0044

（2）退職金の支払方法

退職金の支払方法には、退職時に一括して受け取る一時金払いのほか、一定の要件を満たしていれば、5年間または10年間にわたって分割して受け取る分割払い、一時金払いと分割払いを組み合わせて受け取る一部分割払い（併用払い）の3つの方法があります。

退職者のニーズに合わせて、いずれかを選択することができます。

（3）退職金の税金

中退共制度によって支払われる退職金（一時金払いによるものに限ります）は、税法上「退職手当等」とみなされ、他の所得と区分して課税されます。

ただし、分割払いによる支払い分は、雑所得として課税されます。

退職所得に対する税額の算出方法は、
課税対象所得額＝（退職金収入額－退職所得控除額）×2分の1
税額＝課税対象所得額×税率
となります。

退職所得控除額は、通常退職者の勤続年数に応じて求めますが、中退共制度の場合の勤続年数は、退職金額の計算の基礎となった期間（掛金が納付された期間）となります。

（4）掛金月額の決定方法

従業員の方に支払われる退職金額は、中退共制度の加入期間中に納付された掛金月額と納付月数によって決まります。

したがって、掛金月額をどう決めるかが、この制度を利用する場合の主要なポイントとなります。

退職時の賃金と加入時の賃金を比較すると、この間のベースアップや定期昇給等により、退職時の賃金の方が相当高くなります。

賃金と退職金はおおむね比例的な関係にありますので、当初予定していた退職金を増額変更する必要があり、多くの企業で一定の期間ごとに掛金月額の見直しを行うのが一般的になっています。

掛金月額の決定、変更の代表的な例は、次のとおりです。

①基本退職金額方式

退職金を定年や勤続年数を基準にして目安を決め、それから掛金月額を逆算する方法です。例えば、勤続35年で1000万円を退職金の目安とすれば、掛金月額は2万円となります。次ページ表63の基本退職金額表を参照ください。

②賃金を基準にした方式

賃金をいくつかのグループに分け、それに応じて掛金を決める方法です（次ページ表64）。

（5）退職金規定をつくってみよう

掛金の決め方はさまざまですが、退職金規程もしっかりつくってみましょ

表63　中退共の月額掛金の決定方法（基本退職金額方式）

◇基本退職金額表（平成14年11月改正）12,000円から30,000円（単位：円）

掛金月額 納付年数	12,000円	16,000円	20,000円	24,000円	28,000円	30,000円
4年（48月）	578,040	770,720	963,400	1,156,080	1,348,760	1,445,100
6年（72月）	884,520	1,179,360	1,474,200	1,769,040	2,063,880	2,211,300
8年（96月）	1,199,400	1,599,200	1,999,000	2,398,800	2,798,600	2,998,500
10年（120月）	1,518,720	2,024,960	2,531,200	3,037,440	3,543,680	3,796,800
20年（240月）	3,199,920	4,266,560	5,333,200	6,399,840	7,466,480	7,999,800
30年（360月）	5,055,720	6,740,960	8,426,200	10,111,440	11,796,680	12,639,300
35年（420月）	6,054,960	8,073,280	10,091,600	12,109,920	14,128,240	15,137,400

表64　賃金を基準にした月額掛金［例］

賃金	掛金月額
～160,000円未満	8,000円
16～200,000円未満	10,000円
20～240,000円未満	12,000円
24～280,000円未満	14,000円
28～320,000円未満	16,000円
32～360,000円未満	18,000円
36～400,000円未満	20,000円
400,000円以上	22,000円

う。

　また、企業が退職金規程を設けることは、従業員に対して労働条件を明示し、よりよい関係を築くために重要な役割をもつものです。

●退職金規程の作成（参考）

　退職金規程の作成は、事業所の退職準備金を中退共制度だけでまかなう場合と、社内の退職金制度を併用する場合とでは少し異なってきます。
　ここでは中退共制度だけで実施する場合の退職金規程の一例をご紹介します。

●退職金規程(事例)

第1条　従業員が退職したときは、この規程により退職金を支給する。

2　前項の退職金の支給は、会社が各従業員について独立行政法人勤労者退職金共済機構・中小企業退職金共済事業本部(以下「機構・中退共」という。)との間に退職金共済契約を締結することによっておこなうものとする。

第2条　新たに雇い入れた従業員については、試用期間を経過し、本採用となった月に中退共と退職金共済契約を締結する。

第3条　退職金共済契約の掛金月額は、別表のとおりとし、毎年〇月に調整する。

第4条　休職期間および業務上の負傷または疾病以外の理由による欠勤がその月の所定労働日数の2分の1を超えた期間は、機構・中退共の掛金納付を停止する。

第5条　退職金の額は、掛金月額と掛金納付月数に応じ中小企業退職金共済法に定められた額とする。

第6条　従業員の退職の事由が懲戒解雇等の場合には、機構・中退共に退職金の減額を申し出ることがある。

第7条　退職金は、従業員(従業員が死亡したときはその遺族)に交付する退職金共済手帳により、機構・中退共から支給を受けるものとする。

2　従業員が退職または死亡したときは、やむを得ない理由がある場合を除き、遅滞なく退職金共済手帳を本人またはその遺族に交付する。

第8条　この規程は、関係諸法規の改正及び社会事情の変化などにより必要がある場合には、従業員代表と協議のうえ改廃することができる。

〈附則〉

第1条　この規程は、〇年〇月〇日から実施する。

第2条　この規程の実施前から在籍している従業員については、勤続年数に応じ過去勤務期間の通算申出を機構・中退共におこなうものとする。

CHAPTER 12　日本フルハップ

1　日本フルハップの事業

　日本フルハップは中小企業のための公益財団法人です。
　法人役員・個人事業主だけでなく、家族従業者、幹部従業者の方も加入できます。
　ケガによる通院・入院は治療の初日分から、死亡・障害は最高1000万円補償されます。
　安全で快適な職場づくりや、福利厚生の充実をお手伝いするために、上記の方を対象に「災害補償事業」・「災害防止事業」・「福利厚生事業」の3つの事業を実施しています。平成29年3月末現在、約23万事業所、約48万人の方が加入しています。
　フルハップは英語の「FULL（いっぱいの、満ちた）」「HAPPY（幸せな）」を結びつけた造語で、会員が「幸せいっぱいであること」を祈念したネーミングです。

(1)　災害補償事業（万一のケガの補償）
①補償の内容
　加入者の方がケガが原因で通院・入院された場合や医師の往診を受けた場合、また障害が残った場合や死亡された場合には表65のような補償が受けられます。
　＊ケガとは、急激かつ偶然の外来の事故により身体に被った傷害をいいます。

②補償の特色
- 仕事中、交通事故、家庭でのケガなど、24時間中のケガを補償します。
- ケガによって障害が残った場合は、障害の程度に応じて、当財団規約に定める障害補償等級区分により最高1000万円まで補償します。
- 補償の期間は、ケガをした日から最高1年間の長期補償です。
- 通院・入院・往診補償費は治療の初日分より支払われます。

表 65　日本フルハップの補償内容

ケガで	ケガをした日から起算して180日まで	ケガをした日から起算して181日以降1年以内
通院したとき	1日 2,500 円	1日 2,000 円
入院したとき	1日 5,000 円	1日 4,000 円
医師の往診を受けたとき	1回 5,000 円	1回 4,000 円
障害が残ったとき	10,000,000 円（1 級）〜 150,000 円（14 級）	
死亡したとき	10,000,000 円	

＊ケガとは、急激かつ偶然の外来の事故で身体に傷害を受けたものをいいます。
＊病気は対象外です。
＊補償費は、通院・入院の実日数、往診の回数に応じて、ケガをされた日から1年を限度としてお支払いします（ただし、ケガをされた日から1年以内に治ゆまたは症状が固定した場合は、その日までとなります）。
＊補償の対象となる医療機関は、医療法または柔道整復師法に定める①病院、②診療所、③整骨院（通院補償のみ）で、鍼灸院などは対象になりません。
＊通院、入院補償は、実際に通院、入院した日数が対象となります。

- 補償費は他の保険とは関係なく支払われます。

(2) 災害防止事業（ケガの防止）

　職場の安全衛生設備や職場環境改善等に対する助成を行い、安全で快適な職場づくりを応援します。

　ヘルメットなど職場の安全を確保するための助成や、エアコンなど快適な職場づくりのための助成対象設備（測定・診断・除去・講習・検査を含む）を設置（実施・購入）した場合に、一定額の助成が行われます。

(3) 福利厚生事業

　人間ドック受診や契約保養施設の宿泊に助成が受けられるほか、観劇、コンサート、プロ野球などへのご招待も活用できます！

2　加入方法

(1) 会費

- 加入者1名につき月額 1500 円。

- 会費は業種、年齢にかかわりなく一律です。
- 会費は毎月7日（休日の場合は翌営業日）に信用金庫にある法人または個人事業主名義の預金口座より、自動振替で納付します。
- 加入期間中に支払われた会費は返還されません。
- 会費にはケガの補償のために必要な経費として保険料相当部分（852円）が含まれています。

（2）加入資格

①会員になれる人（会員とは日本フルハップと加入契約を締結する法人または個人事業主です）

中小企業（常時雇用する従業者の数が300人以下または資本金の額が3億円以下）の法人または個人事業主が会員になれます。

●農林漁業を営んでいる場合の会員資格の制約事項

- 農業は、経営耕地面積が10a以上または年間の農業生産物の総販売額が15万円以上。
- 林業は、保有山林面積が1ha以上。
- 漁業は、漁業の仕事をしている年間の日数が30日以上。

②加入者になれる人

会員の事業所で働いている満18歳以上の表66のいずれかに該当する方が加入できます。

（3）加入にあたって

代表役員あるいは個人事業主が自ら「加入者」にならなくてはなりません（「加入者」とは、補償共済の対象となる人です）。

（4）申込み方法

加入する場合は、日本フルハップのホームページの加入資料請求ページから加入申込書を請求すると、「加入のご案内・加入申込書」が送られてきます。

加入申込書に必要事項を記入のうえ、日本フルハップに申し込みすると、手

表66 日本フルハップの加入者になれる人

(1) 役員	取締役、監査役、理事、監事などの登記をされている方
(2) 事業主	個人事業主の方
(3) 家族従業者	役員または事業主の親族（配偶者、6親等内の血族、3親等内の姻族）にあたる方 ただし、他の事業所でも働いている場合は、他の事業所で働いている時間が会員の事業所で働いている時間よりも長い方は加入できません（会員の事業所が農林漁業である場合を除く）
(4) 幹部従業者	役職等にかかわらず、役員または事業主と一体となって事業経営に従事していると認められる方
(5) 従業者	常時雇用する従業者の数（役員、事業主、家族従業者、幹部従業者の方を除く）が5人以下の事業所における当該従業者の方 ただし、原則として雇用保険の被保険者でない方は加入できません。
(6) 介護従事者	代表役員または事業主の家族（配偶者、直系血族、兄弟姉妹、家庭裁判所が決定したときは3親等内の親族）が介護保険法に基づき要介護の認定を受けている場合、その介護にあたっている方

続き終了後に会員証・規約・会員ハンドブックが送られてきます。

もしくはインターネットから「加入のお手続き」をすることもできます。

3 ちょっと複雑な経理処理と税務処理

(1) 支払う会費の経理処理（税務）

会費は税務上、法人事業所の場合は、全額損金扱いとなります。

個人事業所の場合は、事業主及び事業主と生計を一にする配偶者その他の親族の保険料相当部分については事業主個人の負担となり、必要経費となりませんが、それ以外の部分については必要経費扱いとなります。

①税務上の処理（表67）

②消費税について（法人事業所・個人事業所ともに同じ扱い）

会費には消費税は含まれていません。

＊保険料相当部分は非課税、保険料相当部分以外については不課税。

表67　日本フルハップの税務上の処理

		振替口座	税務上の処理	勘定科目
法人事業所		法人名義	全額損金に計上	諸会費等
個人事業所	事業主および事業主と生計を一にする配偶者その他の親族	事業主名義	保険料相当部分（852円）は事業主個人の負担となり、経費となりません	事業主貸
			保険料相当部分以外（648円）は必要経費に算入	諸会費等
	その他の加入者	事業主名義	全額必要経費に算入	諸会費等

（2）補償費の受け取りと支払い

　補償費は会員（法人、個人事業主）に支払われます。

　つぎに、会員（法人または事業主）から加入者（補償対象者）に補償費が支払われます。

（3）会員（法人・個人事業主）が受け取る補償費の経理処理（税務）

①法人事業所が補償費を受け取る場合

法人が受け取る補償費は、すべて法人の益金となります。

②会員（個人事業主）が補償費を受け取る場合

表68　会員（法人・個人事業主）が受け取る補償費の経理処理（税務）

区分	ケガ（死亡）した加入者	補償費の受取人	税務上の処理
傷害補償費	事業主	事業主	非課税
	専従者*1		
	専従者以外の従業者	事業主	事業所得
死亡補償費	事業主	遺族*2	一時所得 ［参考］一時所得の課税対象金額 （受取った補償費－500,000円） ×1／2
	専従者	事業主	
	専従者以外の従業者	事業主	事業所得

＊1　専従者とは、事業主と生計を一にする配偶者その他の親族で専ら事業に従事する者をいいます。

＊2　遺族が受け取る一般の生命保険金は相続財産とみなされますが、日本フルハップの死亡補償費は、これには該当しないので、表68のとおり受取人の一時所得となります。

傷害（通院・入院・往診・障害）補償費と死亡補償費とでは、税務上の処理が異なります（前ページ表68）。
　③ケガをした加入者や遺族へ補償費を支給する場合
　法人事業所および個人事業主が支給された補償費を加入者や遺族に見舞金や弔慰金として支給する場合の税務処理は、表69のとおりです。

表69　加入者や遺族へ補償費を支給する場合の税務処理

区分	税務上の処理
加入者への傷害見舞金等	①社会通念上相当なもの（通常の見舞金）→非課税 ②社会通念上相当でないもの→給与所得等として課税 ＊個人事業主が専従者に支給する場合は贈与税の対象となります。
遺族への弔慰金	①社会通念上相当なもの→非課税 ②社会通念上相当でないもの→退職手当等として課税 ＊実務上は次の金額を超過した部分が退職手当等として相続税の対象となります。 　ⅰ　業務上の死亡→給与の3年分まで 　ⅱ　業務外の死亡→給与の6カ月分まで

　詳しくは、所轄の税務署や税理士等の専門家にご相談ください。

【付】収入保険に入るか入らないか

APPENDIX

あらゆる農家の収入の減少に対応する新しい保険

　この本では、農業経営の事業主やその家族および従業員の生活を守る公的保険等についての説明をしてきました。
　しかし、農家経営ということを考えるとそれだけでは若干の不安があります。安定的な農家生活のためには、安定的な農業収入が必要となります。
　この農業収入が保障されてこそ農家の経営や生活の安定が図られます。
　そして今回、その収入を補償する新しい農業共済制度が出てきました。それが「収入保険」です。
　収入が保障されるということは、安心して農業経営を営むことができます。
　そういった観点から、この付録では、本書で縷々解説してきた社会保険とはすこし考え方が違う「収入保険」を取り上げて、その活用方法について述べていきたいと思います。

①収入保険ってなに？　⇒　収入保険は新しい農業共済制度です。

②収入保険の対象は、青色決算書の収入金額です。
　　保険の対象は、作目の収量や価格ではありません。
　今までの農業共済の対象は対象作目の収量減でしたが、この「収入保険」の対象は青色決算書の収入金額になり、収入が減少すれば保険金が補てんされます。

③収入保険はアメリカとカナダで前例があります。
　ここまでの説明だけで「えーっ、ほんまですか？　そんなうまい保険ってあるんですか？　前例でもあれば安心なんやけど」という声も聞こえてきそうです。
　それがあるんです。

農業大国のアメリカやカナダでは、数年前から経営体自身を対象とした収入保険（カナダは所得補償型）を運営していて、日本はアメリカの事例を参考にしています。
　前例があるとちょっと安心感がでますね。

1　収入保険制度の特徴やメリット─入る前に知っておこう

　収入保険は農家向けの新しい保険です。任意加入の保険ですが、新しい作目にチャレンジする農家や高品質な農産物を高く売ろうという農家は入ってい

表：付1　既存の農業保険

制度名		対象品目（例）	補てん内容	
農業共済	農作物共済	水稲、麦	災害による収量減少	収入保険制度とどちらか一方を選択して加入（ただし、園芸施設共済の施設や暖房機、果樹共済の樹体共済など、固定資産の損失を補てんする保険は同時加入できる）。
	畑作物共済	大豆、バレイショ		
	園芸施設共済	ハウス内の作物、暖房機など		
	果樹共済	リンゴ、ナシ、カキ		
	家畜共済	牛、豚	家畜の死亡・廃用	
野菜価格安定制度		指定野菜など	価格下落	
収入減少影響緩和対策（ナラシ対策）		米、麦、大豆	収入減少	
イグサ・畳表農家経営所得安定化対策		畳表		
加工原料乳生産者経営安定対策		加工原料乳		

制度名	対象品目（例）	補てん内容	
肉用牛肥育経営安定対策事業（牛マルキン）	肥育牛	販売価格と生産コストの差	これら畜産の対象品目は収入保険に加入不可。複合経営の場合は、他の品目のみ入れる。
養豚経営安定対策事業（豚マルキン）	肉豚		
肉用子牛生産者補給金制度 肉用繁殖経営支援事業	肉用子牛		
鶏卵生産者経営安定対策	鶏卵	販売価格と生産コスト増加等	

んじゃないかと考えています。

(1) さまざまある農業保険

収入保険を理解するには、農業を守る保険の全体像を整理しておきましょう（表：付1）。現行の農業保険には、対象品目の生産量の減少に対応した「農業共済制度」や、産地の野菜価格低下に対応した「野菜価格安定制度」があります。

また、米、麦、大豆などの収量や収入の減少に対応した「収入減少影響緩和対策（ナラシ対策）」、畜産（肉用牛、養豚等）の価格と生産コストの差を補てんする「畜産経営安定対策」があります。他に建物共済などもありますが、ここでは割愛します。

これらと新たな収入保険とは、いったい何が違うのでしょうか。前ページ表：付1を見ると、現行の農業保険はいずれも特定の農産物を対象としていることがわかります。それぞれ対象品目の収量減少や価格低下に対応している

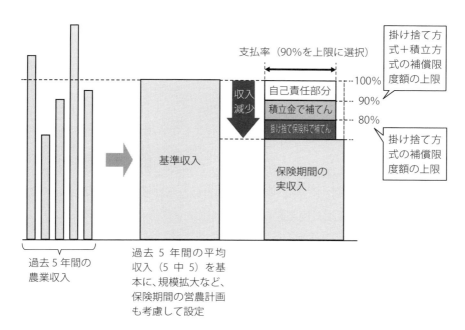

図：付1　収入保険の補てん方式（全体像）

わけです。その品目が限られているため、対象から外れる農家もたくさんいます。

　それに対して今回登場した収入保険は、あらゆる農家の収入の減少に対応する保険です。既存保険の対象から外れた品目も、すべて経営単位で拾ってあげようというのが収入保険なのです（図：付1の収入保険の補てんの全体像を参照）。

（2）収入保険のメリット
●どんな作目でもOK
　作目に関していえば、収入保険は非常に幅広く対応してくれます。法律で栽培が禁止されたような作物でなければ、どんな作目でもかまいません。少量多品目生産の経営でもOKということです。

　ですから、新しい品目にチャレンジしたい農家のための保険ともいえます。例えば花農家の中には、外国から新品種を取り寄せて成功している事例もありますよね。そういった方に話を聞くと「そやねー、花壇苗の場合、日本でカタログが出てきてからつくり始めても遅すぎますわ。海外のカタログ見てタネを輸入してつくらないと儲かりません。手さぐりしながらですから、当然、失敗もあります。でもチャレンジですな」というのです。このような経営には、収入保険が向いています。

●野菜産地でなくてもOK
　「野菜価格安定制度」の場合、対象者は指定野菜（14品目）の「指定産地」、特定野菜（35品目）の「対象産地」の農家に限られています。収入保険の場合は、どこでなにをつくっていても補償の対象となります。

　また、野菜価格安定制度と違って、面積要件や出荷先の縛りもありません。経営が多様な新規就農者にとっても、ありがたい保険といえるかもしれません。

●高品質生産をバックアップ
　近年は作物の品質格差が開いています。ブドウを1kg 500円で売る農家もあれば、新品種を高糖度に仕上げて5000円で売る農家もありますね。その差

10倍です。ところが、現在の果樹共済では、例えば天候不順でブドウの糖度が落ちたとしても、その収入減には対応できません。台風で、収量自体は変わらないが、品質低下で収入は半減した、という方もいらっしゃるのではないでしょうか。そうした被害も、収入保険ならカバーできます。有機農産物を高単価で販売する農家にも向いているかもしれません。

●補償される対象も幅広い

現行の農業共済で減収要因として認められるのは、風水害や冷害などの自然災害、病害虫や鳥獣害による被害などです。それに対して収入保険では、収入の減額要因であれば、ほとんどが認められます。

農業共済と同様、自然災害などの減収要因は当然として、作物の盗難や事故によって働けなくなった時期の減収なども認められます。

ただし、捨てづくりなど、本人の努力が足りない場合の減収は認められません。税金による補助があるので、当たり前かもしれませんね。収入保険では、本人責任以外の要因、つまり農家の経営努力では避けられない減収要因を、補助の対象としているわけです。

また、これらが原因で収量がいくら減ったとしても、残った農産物がとびきり高く売れて、決算書の数字が平年と変わらなければ、補てん金は出ません。

反対に、例年の倍以上の収量があったとしても、大暴落によって決算書の数字が平年より収入減となれば、補てん金が出ます。

（3）加入できる要件

●「基準収入」は過去5年平均（1年の実績からでも加入し算出できますが、補償限度額が下がります）

保険に基準はつきものですが、農業共済の場合は、基準収穫量（平年の収量）が定められています。収入保険の場合は、直近5年間の平均収入から「基準収入」を決め、補償額の上限を算出します。

5年分すべてですから、価格の暴落などによる過去の収入減も基準収入に影響してしまいます。米農家の間では、例えば減反廃止の影響で米価が下がれば、補償の限度額も徐々に下がっていくことになり、収入保険は経営の底支えにはならない、といった意見もあります。

●青色申告しないと入れない

　そして、残念なことに、収入保険に加入できるのは「青色申告」をしている農家だけなのです。というのも、収入保険の「基準収入」は決算書の数字から算出するからです。その数字は日々の正確な収入・支出記帳から導き出されたものでなければなりません。それが可能なのは、複式簿記記帳を基本とした青色申告農家ということです。

　また、青色申告の記帳には、①正規の簿記、②簡易簿記、③現金主義簡易簿記の3つありますが、収入保険で認められるのは①と②だけ。③の現金主義簡易簿記は認められないのでご注意ください。

　現在、青色申告農家は約44万戸ですから、収入保険の対象となるのは、販売農家（約120万戸）の3分の1程度にしかなりません。現金主義簡易簿記が認められないので、実際には、もう少し減るでしょう。

　青色申告がなかなか広がらないのは、この簿記が一つのネックになっています。たしかに、複式簿記記帳は大変ですね。でも大丈夫。今は『新　家族経営の農業簿記ソフト（第4刷）』（農文協）など、便利な本（ソフト）が出ています。この本のエクセル仕様の簿記ソフトを使えば、複式簿記を知らなくても自動的に複式簿記に変換し、貸借対照表まで自動作成してくれます。誰でも青色申告農家になれます。上記の本を買った方は、買ったあと制度や税制が変わったときなどは最新のソフトを農文協のホームページ「農文協図書更新コーナー」でダウンロードできるので活用してください。

●農作業日誌も必要

　収入保険では、裏付け資料として「農作業日誌」も必要。いつもの作業日誌でOKなので、堅苦しく考える必要はありません。

2　シュミレーションしてみよう

(1) 基準収入の計算方法

　さてここからは、「基準収入」や被害時の補償金額、掛け金がそれぞれいくらくらいになるのか、実際に計算してみましょう。まずは、基準収入から。

　基準収入は、基本的に直近の青色申告5年分の平均収入を用います。現在、

NOSAIのホームページでは基準収入を計算するソフト（エクセルで動く）が公開されています。また、決算書などを持って共済窓口に行けば、その場で算出。農業共済や野菜価格安定制度といった類似の農業保険との比較も手伝ってくれます。決算書そのものの様式でなくても、簿記ソフトを使った詳しいデータがあれば大丈夫です。

図：付2は基準収入算定ソフトの画面です。品目ごとに計算する項目もあり、多品目を生産する農家は面倒に感じるかもしれませんが、心配することはありません。何種類かグループごとに、例えば「枝物類」というようにまとめて計算すれば大丈夫です。NOSAIのホームページでは、「類似セーフティネット比較シミュレーション」という、農業共済や野菜価格安定事業といった既存の制度と、掛け金の比較ができるソフトも公開されています。

基準収入は「過去の平均収入」と「保険期間の収入見込み」を計算して求める。決算書など関係書類を農業共済に持って行けば計算してくれる他、NOSAIのHPで自ら計算することもできる。

過去の収入金額の計算、経営面積の入力画面

【過去の収入金額】	↓①で試算する場合	↓②で試算する場合
過去年	過去の収入金額【必須入力】 円	
平成28年	10,580,000	算出する
平成27年	10,120,000	算出する
平成26年	9,930,000	算出する
平成25年	11,230,000	算出する
平成24年	9,510,000	算出する

過去の平均収入	10,274,000 円

【過去の経営面積】	
過去年	過去の経営面積 a
平成28年	540.0
平成27年	570.0
平成26年	560.0
平成25年	550.0
平成24年	400.0

過去の平均経営面積	524.0 a

＊次に品目ごとの収入金額を入力し、保険期間の収入見込みを計算（農産物の種類、作付け面積、単収などを入力）すると、基準収入の試算結果が出る。過去の平均と保険期間の収入見込みのうち、低いほうが基準収入で、「規模拡大特例」や「収入上昇傾向特例」の適用もある。

図：付2　基準収入の算定シミュレーション（一例から抜粋）

（2）掛け捨て保険料と積立金

基準収入がわかれば、掛け金と補てん金の額も計算できます。少しややこしいのですが、できるだけやさしく順を追って説明します。

収入保険の補てん金は「補償限度額から減収した損害額の90％」です。なんのこっちゃという感じだと思いますので、事例で見ていきましょう。
　Aさんは青色申告歴5年で、基準収入は1000万円です。Aさんの掛け金、被害の補てん額はいくらになるでしょうか。
　まず、収入保険は「掛け捨て保険方式」と「掛け捨てでない積立方式」の組み合わせで成り立っていて、積立方式に加入するかどうかは選べます。Aさんは、掛け捨てだけを選択しました。
　掛け捨て保険には50％の国庫補助があり、最初の保険料率は1.08％です。翌年以降は、補てん金の受け取り実績に応じて保険料が変動します。自動車保険と同じように、無事故（無被害）ならば保険料は徐々に下がり、補てん金の受け取りがあれば徐々に上がっていきます（0.54〜2.574％まで変動する）。

(3) 掛け捨て保険だけの場合の補償限度額と保険料

　掛け捨てだけの場合、収入保険の補償限度額の上限は基準収入の80％（5年以上青色申告している場合）。80％を上限に70％、60％、50％のうちから農家が選びます。限度額を低くすれば年間の掛け金は安くなりますが、その分、事故があった場合の補償も少なくなります。
　Aさんは上限の80％を選択。その結果、Aさんの補償限度額は基準収入1000万円の80％で、800万円になります。何かあった場合、収入が800万円になるよう、足りない分を補てんしてくれるというわけです。
　さらに、その補償限度額のうち何割を補てんするか、というのが「支払い率」。Aさんは上限の90％としました。
　掛け金の求め方は図：付3のとおり。Aさんの場合は年間7万7760円になりました。収入保険では、掛け金の他に「事務費」も必要です。基準収入1000万円のAさんの場合、初年度2万2000円です。

(4) 補てん額はいくらか

　この条件でAさんが収入保険に入り、台風被害などで大減収、収入が600万円になってしまったとします（400万円ダウン）。補てん金はいくらになるでしょうか。
　まず、Aさんの補償限度額は800万円でしたね。補てん額は、補償限度額

```
掛け金の計算式（Aさんの掛け金）
  基準収入×補償限度×支払い率×保険料率＝年間の掛け金
  10,000,000円× 80%× 90%× 1.08%＝ 77,760円
・補償限度は 80%、70%、60%、50%から選択
・支払い率は 90%、80%、70%、60%、50%から選択
・保険料率は初年度 1.08%（国庫補助 50%適用後）。
  翌年以降は事故の有無によって変動
＊掛け金の他に事務費も必要。「加入者割」（1年目 4500円、2年目以降 3200円）と
 「補償金額割」（保険金額と積立金額 10,000円当たり 22円）の合計で、Aさんの場合
 は初年度 22,000円

補てん金の計算式（Aさんの補てん金）
  （補償限度額－実際の収入額）×支払い率＝補てん額
  （8,000,000円－ 6,000,000円）× 90%＝ 1,800,000円

Aさんの総収入
  被害後の実収入＋補てん金＝総収入
  6,000,000円＋ 1,800,000円＝ 7,800,000円
＊掛け金は 77,760円（＋事務費 22,000円）
```

図：付3　掛け金と補てん金の計算（掛け捨てのみの場合）

から減額した分の 90％。Aさんの場合は、減額した 200万円の 90％（支払い率を 90％にした場合）、つまり 180万円が補てんされることになります（図：付3）。収入保険では、減額した金額を 100％補てんするわけではないのです。この年のAさんの収入は、補てん金を受け取っても 780万円。例年より 220万円ダウンです。

(5) 積立方式も組み合わせたほうがおトク

　Aさんは「掛け捨て保険」だけを選択しましたが、私は「掛け捨てでない積立金」を組み合わせることをおすすめします。絶対におトクだからです。

　積立金によって、補償限度額は基準収入額の 10％分増えます。Aさんの場合、基準収入額が 1000万円なので 100万円増えます（50万円増えるコースもありますがここでは割愛します）。掛け捨てだけだと最大 800万円だった補償限度額が 900万円に増えるわけです。

　なぜ、これが絶対にお得なのか。それは、積立金については国庫補助が

75％つくからです。積立金をプラスすると補償限度額が100万円増え、掛け捨て保険だけの場合と比べ、補てん金は90万円増えます（補償限度額の90％になる）。その90万円の補てん金に対して、農家が積み立てるのは25％の22万5000円。残りの67万5000円を国が補助してくれるシステムなんです。

また、この積立金は保険事故がない限り（または基準収入が上がらない限り）、新たに積み立てる必要がありません。翌年からは掛け捨て保険だけで、補償限度額90％となるわけです。

つまりAさんの場合、初年度は掛け捨て＋積立金で計30万2760円の支払い（プラス事務費に2万2000円）。無事故であれば、翌年は掛け捨て保険料7万3728円だけ（保険料率が1.024％に下がるとして計算）で補償限度額900万円の保険が掛けられるのです。

ただし、もしも保険事故が起きて90万円の補てん金を受け取ると、また新たに22万5000円の積み立てが必要になります。

（6）掛け捨て＋積立方式の補てん金

この場合の補てん金について、Aさんの被害額を先ほどと同じにして計算してみましょう。

以下、図：付4を見ながらお読みください。

まず、積立金も含めた補償限度額は900万円になるので、実収入600万円との差は300万円です。そのうち100万円は積立金の分です。積立金による補てんも90％なので金額は90万円になります（100万円×90％）。残りの200万円は、掛け捨て保険分です。その補てん金が180万円（200万円×90％）。両方合わせた補てん金額は270万円になります（90万円＋180万円）。要は補償限度額との差額300万円の90％（270万円）が補てん金になるわけですが、その内訳は積立金から90万円、掛け捨て保険金から180万円になるというわけです。

この場合のAさんの総収入は870万円。残り130万円分が自己責任部分というわけです。

> 掛け金の計算式（Aさんの掛け金）
> 　基準収入×積立方式の補償幅×支払い率×自己負担率＝積立金
> 　10,000,000円×10%（または5%）×90%×25%＝<u>225,000円</u>
>
> 　・**支払い率**は 90%、80%、70%、60%、50%から選択
> 　（掛け捨て保険料で選択した%以下）
>
> 　積立金＋掛け捨て保険料＝年間の掛け金
> 　225,000円＋77,760円＝302,760円
>
> 　＊**事務費**は掛け捨て方式と同様。
>
> 補てん金の計算式（Aさんの補てん金）
> 　（補償限度額－実際の収入額）×支払い率＝補てん額
> 　（9,000,000円－6,000,000円）×90%＝2,700,000円
>
> Aさんの総収入
> 　被害後の実収入＋補てん金＝総収入
> 　6,000,000円＋2,700,000円＝<u>8,700,000円</u>
>
> ＊掛け金は初年度302,760円（＋事務費22,000円）。無事故なら翌年以降は掛け捨て保険料と事務費のみ。

図：付4　掛け金と補てん金の計算（掛け捨て＋積立方式の場合）

3　収入保険の税務

　収入保険の加入には事務費が必要となりますが、保険期間の必要経費（個人）または損金（法人）に計上します。

　収入保険には、掛捨て保険料と積立方式とがありますが、それぞれに税務や会計が異なっていますので注意が必要です。

(1) 掛捨て保険部分について

●保険料は費用または損金

　保険料は、農業共済掛金や損害保険料として保険期間の必要経費（個人）、または損金（法人）に計上します。

●補てん金は保険期間の雑収入

　収入保険の補てん金収入は、「収入保険補てん収入」として保険期間の雑収

入に計上します。この場合、「補てん収入」として決算書または損益計算書に計上する時期と、実際に補てん金が入る時期とが異なってきますので、次のように会計します。

　農業者が計算する保険金等の見積額は、個人の場合は青色決算書の収入金額欄の雑収入、法人の場合は損益計算書の特別利益に計上するとともに、貸借対照表の資産の部の未収金に計上します。仕訳をすると、次のようになります。

　　　　　（借方）　　　　　　　　　　（貸方）
　　　　未収金　×××　　　　　収入保険補てん収入　×××

　この場合に実際の保険金等の額が見積額より少なかったときは、その差額について、損益計算書の経費欄に「前年分の収入保険の保険金等の差額」として計上します。

　また、実際の保険金等の額が見積額より多かった場合、その差額について、収入金額欄の雑収入に「前年分の収入保険の保険金等の差額」として計上します。

(2) 積立方式について

●積立金部分について

　収入保険の積立金は預け金として取り扱われ課税関係は生じません（個人・法人）。

　簿記上で具体的な数字を入れて仕訳をすると、次のようになります。

　　　　　（借方）　　　　　　　　　（貸方）
　預け金　22万5000円　　　現金預金　22万5000円

　会計上は貸借対照表上で預け金または収入保険積立金として計上します。

●特約補てん金について

　積立金も含めて支払われる特約補てん金収入のうち、預け金として積み立てた部分は収益ではありませんので、課税関係は生じません。積立金を超える特約補てん金収入部分は、「収入保険補てん収入」として保険期間の雑収入に計上します。この場合の会計および税務は上記掛捨て保険の内容と同じです。

　これらの内容を簿記上で具体的な数字（特約補てん金収入90万円）を入れて仕訳をすると、次のようになります。

（借方）	（貸方）
現金預金　90万円	預け金　22万5000円
	収入保険補てん収入　67万5000円

おわりに―すでに加入手続きをした農家も

　収入保険の加入手続きは、平成30年10月1日から開始しています（来年度から加入したい個別農家は11月末までが申請期間）。また、8月から行われた事前申請によって、前倒しで加入を決めた農家もいます。びっくりしたのは、事前手続きをした人が、価格安定制度に加入できる指定野菜産地に多かったことです。

　収入保険の目的の1つは、既存の農業保険には入れない農家を守ることです。しかし反応が早かったのは、これまで野菜価格安定制度というセーフティネットに守られている農家でした。彼らはもちろん掛け金や補償額といった比較をしているはずです。その結果、「収入保険のほうが補償の幅が広い」という加入者の声も聞きました。

　このごろは、大産地においても販売方法が多様化し、優秀な農家には遠方からでも固定客がついています。また多品目を栽培する農家も増えています。そうした方々にとって、従来の農業保険は不十分だったのかもしれません。また、農家の高齢化が進み、事故や病気で従事者が働けなくなるケースを考える人も増えているでしょう。

　農業を取り巻く環境は、今後ますます目まぐるしく変化するかもしれません。先が見えない中で不安もあります。そうした状況に立ち向かう、チャレンジする農家にとって、この収入保険がよき伴走者になるといいですね。

著者　林田雅夫（はやしだ まさお）

兵庫県立農業大学校教務嘱託。前兵庫県専門技術員。1952年、京都府福知山市生まれ。農林省茶業試験場研修科修了。兵庫県農業改良普及員、兵庫県立農林水産総合技術センター専門技術員をへて現職。
著書に『らくらく自動作成　新 家族経営の農業簿記ソフト』『任意の組合から法人まで　かんたん 農業会計ソフト』『エクセルでできる　かんたん営農地図ソフト』（以上、いずれもＣＤソフト付き）『任意の組合から法人まで　農業経営組織の実務と会計』（共著）『新 農家の税金』（各年版、共著）いずれも農文協刊がある。

監修者　比良さやか（ひら さやか）

社会保険労務士、行政書士。

知らなきゃ損する
農家の年金・保険・退職金
上手な加入・掛け金で税金も安くなる

2019年3月25日　第1刷発行

著　者　林田雅夫
監修者　比良さやか

発行所　一般社団法人　農山漁村文化協会
〒107-8668　東京都港区赤坂7－6－1
電話　03（3585）1142　（営業）　03（3585）1144（編集）
FAX　03（3585）3668　振替　00120-3-144478
URL　http://www.ruralnet.or.jp/

ISBN 978-4-540-18185-6
〈検印廃止〉
Ⓒ林田雅夫・比良さやか 2019 Printed in Japan
DTP制作／ふきの編集事務所
印刷・製本／凸版印刷（株）
定価はカバーに表示。
乱丁・落丁本はお取り替えいたします。

農文協図書案内

小さい農業で稼ぐコツ
加工・直売・幸せ家族農業で 30a　1200万円

●西田栄喜 著
1,700円＋税

著者の西田さんはバーテンダー、ホテルマンを経て、自称日本一小さい専業農家になった人。30aの畑で年間50種類以上の野菜を育て、野菜セット・漬物などにして、おもにホームページで販売。一年中切れ目なく収穫する野菜つくり、ムダなく長く売るための漬物・お菓子つくり、自分らしさをアピールする売り方、ファンを増やすつながり方など、小さい農業で稼ぐコツを伝授！
「何でも買う世の中だからこそ、これからは手づくりの知恵を持っている農家がますます羨ましがられる時代になる」というのが著者からのエールである。

小さい林業で稼ぐコツ
軽トラとチェンソーがあればできる

●農文協 編
2,000円＋税

「山は儲からない」は思い込み。自分で切れば意外とお金になる。そのためのチェンソーの選び方から、安全な伐倒法、間伐の基本、造材・搬出の技、山の境界を探すコツ、補助金の使い方まで楽しく解説。

かんがえるタネ

食べるとはどういうことか
世界の見方が変わる三つの質問

●藤原辰史 著
1,500円＋税

著者は人間をチューブに見立てたり、台所や畑を含めて食をとらえるなど、「食べる」ということをめぐって斬新な視点を提供している。現代というのは、じつは、食べる場と作物や動物を育てる場（動物を殺す場も含む）が切り離された社会であることが浮かび上がってくる。それでは未来の食はどうなっていくのか。著者と中高校生の白熱した議論を臨場感たっぷりに再現する。

（価格は改定になることがあります）

DVD 多面的機能支払 支援シリーズ 全5巻

企画・制作 農文協　定価 全巻各 10,000 円＋税。　【 】内は DVD の収録時間。
★各巻に3分〜20分程度の動画を10本前後収録。好きな動画を選んで視聴できます。

第1巻 みんなで草刈り編【83分】

刈り払い機の安全作業、斜面の草刈りをラクにする足場づくりの実際、若者をはじめ多様な人材が参加する草刈隊の組織・運営方法など、多面的機能支払で最も基本的な活動となる草刈りの共同作業に役立つ工夫を紹介。

第2巻 機能診断と補修編【145分】

農業用施設の機能診断の進め方、水路の補修、農道の簡易舗装など活動組織の実例から学ぶ。目地の補修では、貼るだけでできる簡易な補修資材の使用法から、10年持たせる本格的な補修法まで詳しく実演・解説。

第3巻 多面的機能の増進編【95分】

防災・減災力強化として田んぼダム、農村環境保全の幅広い展開として田んぼビオトープ、農村文化の伝承を通じたコミュニティづくりとして虫送りなど、多面的機能の増進と地域づくりの事例を収録。

第4巻 景観形成と環境保全編【85分】

景観形成・環境保全は取組数が最も多い活動項目。花や畦畔植物の植栽で美しさを楽しむだけではなく、女性、子供、非農家など多くの人の参加を促す。地域を元気にする運営のアイデアを中心に紹介。

第5巻 地域のつながり強化編【115分】

多面的機能支払の活動組織は、水路や農道を保全するだけでなく、地域の連帯感を高める役割も持っている。多くの組織では設立から10年ほどが経過し、「役員のなり手不足」「顔ぶれが同じでマンネリ気味」といった声も出ているが、リーダーの育成や新たな参加者の確保に向けた知恵や工夫をこらし、組織運営の改善や地域のつながり強化に取り組んでいる実践的アイデアを紹介。

農文協図書案内

知らなきゃ損する
農家の相続税

●藤崎幸子 著／髙久悟 増補・校訂
2,000円＋税

大幅にアップされ、一部の富裕層だけのものではなくなってきた相続税。最新の税制を織り込み、専兼問わず農家の皆さんが安心して相続対策をおこなえるよう相続税と贈与税の全体をわかりやすく解説、紹介。
わが家で相続が発生したら相続税はかかるのか否か、かかるとすればどれくらいかかるのか。税金を安くするために相続が始まる前（できれば何年も前）から打つべき手と、相続が始まったらやるべきことは、相続を"争続"にしない知恵や気配りは、などなど農家の状況に即しながらまとめています。

新 エクセルで
農業青色申告 第2版
消費税対応・経営分析もできる農業会計システム

●塩光輝 著
3,200円＋税

青色申告に完全対応した複式簿記による会計ソフト付き解説書。一番元になる日々の取引（収益・収入、費用・支出、補助金、借入金等）をエクセル上で入力していけば確定申告に必要な書類が整う。データを分析・加工し経営分析や経営計画にも展開可能。最新消費税や減価償却制度に対応。市販の会計ソフトよりはるかに廉価で（CD付き本代だけで）青色申告が平易にできる画期的ソフト。Windows10、エクセル2016まで対応。

任意の組合から法人まで
農業経営組織の実務と会計

●林田雅夫・須飼剛朗 著
2,190円＋税

任意の組合、人格なき社団、LLP、LLC、株式会社、農事組合法人、農業生産法人、企業組合など各種農業経営組織の特徴、構成員や出資金要件、事業の範囲、収益・費用の扱い、事業や資産の継承、税制、各種社会保険の扱いなどを平易に解説。

（価格は改定になることがあります）